四川盆地耕地氮磷损失及防控技术

林超文　罗付香　姚　莉　马红菊　著

科 学 出 版 社

北 京

内 容 简 介

本书通过对四川耕地利用现状进行分析,阐明四川省不同耕地类型的分布情况及不同种植模式的面积分布情况;通过对四川省不同地区和不同种植模式的化肥施用情况的分析,阐明四川省不同地区及不同种植模式下肥料施用量、氮/磷流失风险等,根据坡耕地养分流失特征、不同种植模式养分流失特征和不同地区养分流失特征等,有针对性地提出适宜的氮、磷损失防控技术。

本书可供高等院校和科研机构土壤学、环境科学、生态学相关领域的研究生和科研人员参考。

图书在版编目(CIP)数据

四川盆地耕地氮磷损失及防控技术 / 林超文等著. -- 北京 : 科学出版社, 2024. 8. -- ISBN 978-7-03-078855-9

Ⅰ. S153.6

中国国家版本馆 CIP 数据核字第 2024UB3042 号

责任编辑:郑述方 / 责任校对:任云峰
责任印制:罗 科 / 封面设计:墨创文化

科学出版社 出版

北京东黄城根北街 16 号
邮政编码:100717
http://www.sciencep.com

成都锦瑞印刷有限责任公司印刷
科学出版社发行 各地新华书店经销

*

2024 年 8 月第 一 版 开本:B5(720×1000)
2024 年 8 月第一次印刷 印张:10 1/4
字数:207 000
定价:**98.00 元**
(如有印装质量问题,我社负责调换)

《四川盆地耕地氮磷损失及防控技术》
编写委员会

（按姓氏汉语拼音排序）：

蔡　恺	陈柏桦	陈红琳	陈庆瑞	陈尚洪
陈一兵	代天飞	董瑜皎	胡容平	黄晶晶
蒋浩宏	李　浩	李　昆	李　蓉	林超文
刘海涛	吕世华	罗付香	马红菊	欧阳平
钱建民	秦鱼生	上官宇先	唐　彪	涂仕华
王　宏	王　琳	王　谢	王明田	吴月颖
徐娅玲	严玉高	阳路芳	杨　文	姚　莉
张　奇	张建华	张庆玉	周小刚	朱永群

前　言

耕地是"三农"之本，守护耕地质量就是守护国家粮食安全。粮安天下，地为根基。把中国人的饭碗牢牢端在自己手中，守住"谷物基本自给、口粮绝对安全"的国家粮食安全战略底线的前提是保证耕地数量稳定，重点是实现耕地质量提升。粮食单产的提升，关键靠良种、良法和良土（良土是指耕地质量）。良土出良品，耕地质量是保证农产品质量的重要基础。只有不断提高耕地质量、培育健康土壤，才能生产更多优质安全的农产品，满足人民对农产品质量与安全日益增长的需要，不断增强农产品竞争力和提高农业生产效益，实现农业高质量发展，推进乡村振兴。守护耕地质量就是守护国家生态安全。优质健康的耕地土壤不仅是农业绿色可持续发展的关键，也是实现碳达峰、碳中和的有效路径。质量良好的耕地具备更强的固碳能力，退化的耕地伴随的是固碳能力的衰退，破坏耕地的耕作方式更会增加农业生产的碳排放。加强耕地质量建设与保护，对于促进"双碳"目标的实现具有积极意义。因此，要实现经济社会可持续发展与保障粮食安全双赢，守护好耕地质量无疑是重要路径。全书共分 9 章来阐述四川盆地耕地氮磷损失及防控技术。

第 1 章为绪论。阐述四川盆地耕地现状及研究进展。

第 2 章介绍四川省种植业生产基本情况。一方面介绍全省土地利用整体情况，各市（州）农用地、耕地基本情况，各市（州）旱地、水田、园地、保护地的分布情况；另一方面介绍四川省农用地平地、缓坡地和陡坡地等类型概况，各市（州）平地、缓坡地和陡坡地等类型分布，以及坡地中梯田改造与种植情况，坡地中梯田与非梯田利用情况。

第 3 章介绍四川省化肥施用情况。阐述四川省不同种植模式下氮、磷等肥料施用情况，不同市（州）氮、磷等肥料的施用情况，从而对四川省整体肥料施用情况有一个大概的了解。

第 4 章介绍坡耕地流域水土、养分流失源研究。通过对小流域输沙特征、土壤侵蚀的时空分布及养分流失的时空变化，明确流域土壤侵蚀模数、流域悬推比、流域输移比及流域输沙源，探明流域泥沙流失方式和来源，土壤侵蚀防控的重点时间和区域以及流域养分流失来源和主要流失时期，为防控流域养分流失提供理论支撑。

第 5 章介绍坡耕地田块水土养分流失途径、通量及影响因素。由于坡耕地是流域主要输沙源和氮素流失源，针对四川省坡耕地饱和渗漏率大、壤中流损失大的特点，通过全量测定不同处理的地表径流、壤中流和泥沙量及各途径养分流失量，探明坡耕地田块水土、养分流失载体、流失量及影响因素，为坡耕地水土、养分流失防控技术创制提供依据。

第 6 章介绍坡耕地水土、养分流失防治技术研究与应用。通过开展坡耕地水土、养分流失及轻便治理技术研究，集成四川省坡耕地水肥流失防控技术模式 4 套，有效控制面源污染、提升耕地质量、提高化肥利用率、保护环境、降低劳动强度、为促进四川省农业可持续发展提供技术支持。

第 7 章介绍四川省农田氮、磷流失概况。首先采用县级统计和抽样调查结合的方式，获取各类种植模式面积及氮、磷施用量等种植业水污染物流失量计算相关的基量数据；其次通过周年连续监测地表径流、地下淋溶液的体积及氮、磷浓度计算流失量，获取涵盖主要种植模式的氮、磷流失系数；最后通过氮、磷流失量测算方法，科学核算农田面源污染氮、磷流失量，为种植业污染防控提供依据。

第 8 章介绍稻田氨挥发特征及防控技术研究。针对四川省农业面源污染现状，通过四川盆地稻田氨挥发测定技术研究，明确四川盆地稻田氨挥发适宜监测时间、监测方法，摸清四川盆地稻田氨挥发的特征，明确四川稻田氨挥发主要影响因子，提出四川稻田氨挥发的防控技术。

第 9 章介绍社会、生态效益及应用前景。四川盆地是四川省的粮食主产区，同时也是人口密集区，书中提及的技术已得到相关领域研究人员的引用和应用，形成的技术已在省内外应用推广。应用这些技术不仅可以提高粮食产量，还能防治水土、养分流失，提升耕地土壤质量，控制农业生产过程中产生的面源污染，有利于农业的可持续发展，生态和社会效益显著。

书中数据大部分整理于 2017 年，表格中数据均有四舍五入，表格中每列不同字母表示存在显著性差异。限于时间和本人的学术水平有限，书中难免存在疏漏和不足之处，敬请读者批评指正，并希望大学多提宝贵意见。

作　者

2024 年 6 月

目 录

第1章 绪　　论

习近平总书记指出，耕地是粮食生产的命根子，是中华民族永续发展的根基，我们要像保护大熊猫一样保护耕地。耕地保护工作一直受到党中央、国务院高度重视。从指出"坚守十八亿亩耕地红线，大家立了军令状，必须做到，没有一点点讨价还价的余地"，到要求"落实藏粮于地、藏粮于技战略"；从嘱托"采取有效措施切实把黑土地这个'耕地中的大熊猫'保护好、利用好"，到强调"压实地方各级党委和政府保护耕地的责任"……习近平总书记在政协民革科技界环境资源界联组会上再次强调"农田就是农田，只能用来发展种植业特别是粮食生产，要落实最严格的耕地保护制度"。习近平总书记对耕地保护倾注了大量的心血，让每一寸耕地都成为丰收的沃土，念兹在兹。习近平总书记关于耕地保护的一系列重要论述，是治国理政的重要内容，为各级党委政府从战略层面把握、从政治高度考量、在工作中精准落实耕地保护战略指明了方向、提供了遵循。

1.1　四川盆地耕地现状

1.1.1　四川省人增地减矛盾突出

我国人多地少、耕地后备资源严重不足、耕地质量总体不高，已成为制约农业可持续发展的重要瓶颈。四川省这一问题更为突出，四川省辖区面积 48.6 万 km^2，占全国陆地总面积的 5.1%，居全国第五位；2022 年末人口 8374 万人，居全国第三位（参考四川省人民政府网站）；全省粮食产量占全国 6.1%，占西部地区 36.2%，居全国第三、西部第一；肉类总产量占全国近 12%，居全国第一位，是我国重要的农业大省、牧业大省、人口大省。但四川省人均耕地较少，仅为 0.67 亩（1 亩≈666.7 m^2），是全国人均 1.41 亩的 47.5%，低于联合国粮食及农业组织提出的人均 0.8 亩的警戒线。

1.1.2　四川省坡耕地问题突出

1. 四川省坡耕地面积大

首先，坡耕地占四川耕地比例大。四川省耕地集中分布于东部盆地和低山丘陵区，占全省耕地的 85%以上，以坡耕地为主。其次，坡耕地增产潜力大，其质量总体较差，是四川省中低产土地集中分布区域，粮食产量水平只有高产区域的 60%，生产能力提升空间大，对进一步提高四川省粮食产量、保障粮食安全和优质农产品供给具有决定性作用。

2. 四川省坡耕地水土、养分流失严重

坡耕地水土流失严重，土层薄、土壤有机质含量和养分含量等肥力指标都较低。根据 2001 年四川省第三次遥感调查测算，四川省土壤侵蚀面积为 21.09 万 km^2，占总辖区面积的 43.4%，年土壤侵蚀总量为 9.46 亿 t，每年流入长江的泥沙总量超过 3 亿吨。而坡耕地为土壤强度侵蚀区，侵蚀模数达 3000～5000 $t/(km^2 \cdot a)$。同时，侵蚀泥沙养分高度富集，氮、磷、钾平均富集率达 1.5～2.0，严重的水土流失加剧了土壤浅薄化、结构粗骨化、土壤干旱化、养分贫瘠化，破坏了宝贵的耕地资源，导致耕地质量退化。

3. 四川省坡耕地利用强度大，加剧了坡耕地退化

在人多地少的现实条件下，同时耕地后备资源匮乏，通过增加耕地数量满足社会经济持续发展已无可能。为了满足四川省对农产品越来越高的需求，不得不高强度利用耕地（复种指数达 238%）和加大单位面积化肥投入，造成了耕地利用强度高，重用轻养，使耕地质量进一步退化、土壤污染和农业面源污染日益加剧，而且严重威胁三峡库区的水环境安全，影响长江流域水资源安全保障。

1.1.3 四川省农业面源污染严重

1. 四川省化肥当季利用率低，氮、磷污染严重

四川省人多地少，人地矛盾突出，因此，增加化肥投入成为保证粮食产量的主要手段。其年化肥施用量达 250 万 t 以上，是发达国家的 1.66 倍。我国平均氮、磷、钾化肥当季利用率分别为 30%～35%、10%～20%和 35%～50%，低于发达国家 15～20 个百分点，由于投入量大，且受技术影响，四川省化肥的综合利用率在 35%左右，低于全国平均水平。多年研究表明雨季旱坡地氮素径流损失在 10%～20%，水稻氨挥发损失在 14%～19%，过量的氮、磷化肥随着农田尾水或地表径流进入河流中，加剧了水体的富营养化。土壤板结、水土流失现状堪忧，土壤对污染物的消纳能力降低，农业生态环境恶化趋势明显（邓欧平等，2018；冯小琼等，2015）。

2. 农药施用量持续增长，农残污染加剧

化学农药是当前重要的农业面源污染源之一，大量施用农药既增加土壤、水体和农产品的农药残留，又提高农业成本、加重农民负担、严重污染环境、危害人体健康（田若蕾，2018）。四川省常年农药用量达到 5 万 t 左右，年亩均用量为 0.8～2.4 kg，是发达国家的 1.5 倍。农药当季利用率仅为 30%，比发达国家低 10%～20%，农药包装袋（瓶）年均达到 1 万 t。一般来讲，只有 10%～20%的农药附着在农作物上，而 80%～90%的农药则流失在土壤、水体和空气中。

3. 农膜使用量大幅增长，"白色污染"日益严重

我国使用的农膜主要是以聚乙烯或聚氯乙烯为原料制成的，不易降解，具有毒性，且回收困难。据统计，我国农膜年残留量高达 35 万 t，残膜率达 42%，有近 50%的农膜残留在土壤中。随着温室大棚种植的推广，四川省农膜的使用量在持续增长，而农膜的回收率仅为 49.3%，一半以上农膜都残留在土壤、沟渠、河道中，破坏土壤结构，对生态环境造成很大影响，并且降低作物产量和品质。

4. 农村有机废弃物随意排放，资源化利用率低

近几年，畜禽养殖业发展迅速，畜禽养殖废弃物污染呈加剧趋势。污染物排放量大、污染防治设施不足、养殖废弃物综合利用和污染防治水平低是农村禽畜养殖业的现状。根据《四川省第二次全国污染源普查公报》，四川省 2013 年畜禽养殖场污染物化学需氧量（chemical oxygen demand，COD）排放总量为 40.76 万 t，铵态氮排放总量为 0.39 万 t（四川省生态环境厅，2020）。随着农业产业化规模日益壮大，畜禽粪便产量已超过环境容量，畜禽粪便中含有重金属、兽药残留、盐分及有害微生物等污染物，其未经无害化处理直接施于农田后加重了耕地和流域负荷，对当地农村生态环境造成污染。

作为农作物副产物的秸秆，每年都随着农作物产量的增加而增加。2022 年四川省粮食播种面积居全国第六位，粮食产量居全国第九位。每年秸秆产量也非常大。根据四川省统计年鉴，按照不同作物粮草比换算获得 2012 年和 2014 年四川省粮食秸秆产量分别为 4189.42 万 t 和 4239.69 万 t。随着粮食产量逐年增加，秸秆产生量也呈上涨趋势。这些秸秆除少部分用于直接还田、工业原料和能源燃料外，大部分被农民焚烧了，约 40%未得到有效的处理和利用，严重浪费生物资源、污染大气环境、降低土壤肥力（张亚男，2022；张维理等，2004）。

5. 水产养殖业废水处理率低，水体富营养化问题突出

水产养殖在我国渔业生产中起着重要作用，2009 年四川省水产养殖总产量达 100.1 万 t，比 2004 年增长 14 万 t，增长率达 16.3%，水产养殖污染也开始凸显。养殖过程中饲料、肥料投入量的增多导致水体富营养化及在鱼类病害防治过程中滥用药物而影响水质，产生大量污水和池底淤积污泥。

1.1.4　农业生产技术的新要求

由于农村青壮年多数外出务工，务农人数逐渐减少。为了稳定粮食产量，务农人员对化肥的投入在进一步加大，田间管理越来越粗放，加重了土壤侵蚀、养分流失和坡耕地退化。水土保持效果很好的格网式垄作等技术因操作烦琐、费工费力，在生产中已难以发挥作用，迫切需要研究一些轻松简单，防控水土、养分流失效果好的技术，以适应当前坡耕地农业生产的需要。

1.1.5　四川省耕地作为国家粮食安全的重要保障

2020 年的中央经济工作会议强调：保障粮食安全，关键在于落实"藏粮于地、藏粮于技"战略。"藏粮于地、藏粮于技"战略实现的基础是保障耕地数量和提升耕地质量。耕地是农业之本，是粮食生产的基础。保护好耕地环境是推进生态文明建设和维护国家生态安全的重要内容，是实现耕地可持续发展及保障农产品质量安全的基础。四川省作为全国农业大省，粮食生产情况对国家粮食安全具有重要影响。但四川省耕地质量形势较为严峻，对化肥、农药、农膜等化学投入品的过度依赖和不合理使用造成农业生态资源环境负荷增加，耕地质量退化、重金属污染等与农业相关的生态破坏问题日趋突出。根据党中央、国务院加强生态环境保护、坚决打好污染防治攻坚战的重大决策部署，近年来，四川省严抓耕地质量提升和耕地污染治理等方面工作，夯实耕地质量基础，为坚守耕地数量红线、保障粮食安全、保障农产品质量安全和保障生态环境安全保驾护航。但从实际情况来看，当前四川省耕地环境质量保护仍面临着一些问题和挑战。

因此，耕地质量建设与保护是时代赋予我们的责任，需要全社会共同关注和参与，每一位公民都重任在肩。针对四川省人多地少、复种指数高、坡耕地比例大、水土流失严重和面源污染严重等问题，开展坡耕地水土、养分流失及轻便防治技术研究，对提高耕地综合生产能力和农业可持续发展，保障四川省的粮食安全和生态安全意义重大。

1.2　耕地研究进展

1.2.1　坡耕地流域水土、养分流失源

国外对小流域水土流失的研究主要集中在海拔高度、坡向和植被类型等方面，在土壤的侵蚀过程和机理研究方面也取得了一定的进展，对降雨侵蚀力、径流侵蚀力、土壤抗侵蚀力等进行了大量的研究，探讨了侵蚀过程中出现的溅蚀、片蚀、细沟侵蚀等各种侵蚀方式的动力学问题。主要通过建立土壤侵蚀模型预报水土流失、指导水土保持措施配置、优化水土资源（党真等，2022；李朋飞等，2022；马星，2018；向宇国，2020；肖成芳等，2022；徐东坡等，2023；徐金英等，2009）。国内近年来关于水土流失研究的报道很多，大多数报道都集中在土壤因素、植被覆盖度、人类活动对水土流失的影响方面，引进了国外一些土壤侵蚀模型并进行了验证，对侵蚀源的研究较少，对流域养分流失源的研究还未涉及（赵露扬等，2023；张翼夫等，2015）。本专著的研究主要明确了小流域的输沙特征、输移比及侵蚀模数等，通过对比分析不同土地类型泥沙元素含量特征差异，从空间上研究了流域主要侵蚀源，并进一步通过对小河站长期监测数据及农田养分输出数据的对比分析，研究了小流域的氮、磷损失源。

1.2.2　坡耕地田块养分流失机理

国外对田块养分流失的研究主要集中在养分流失通量的模拟计算方面，如美国的 RUSLE 模型、SWAN 模型和欧洲的 LISEM 模型。SWAN 模型在大量基础数据支撑的基础上用于田块作物产量和养分平衡的模拟计算。RUSLE 模型改进了影响土壤侵蚀的各因子的算法，近期在不同土地利用方式和土地类型中养分流失途径方面开展了大量的研究。这些研究涉及了影响土壤养分淋失的主要因素，包括气候条件（雨量、雨强等）、土壤性质、土地利用方式等（何淑勤等，2022；刘海涛等，2018；刘红江等，2012；郑家珂等，2023；李喜喜等，2015a；王云等，2011；王新霞等，2020）。但通常将养分淋失与养分流失分开研究，使全面评估农田养分损失对面源污染的影响受到局限。本专著主要是将地表径流、壤中流和泥沙养分流失结合起来研究，更全面地评价了紫色土养分流失途径和通量，并系统研究了雨强、耕作方式、施肥方式、覆盖方式和平衡施肥等因素的影响，在研究内容上更系统、全面，研究结果更准确。

1.2.3　坡耕地田块水土流失机理

国内外研究人员对植被覆盖度与水土保持效益之间、植被根系与土壤抗冲性之间的关系进行了大量的研究。他们从恢复生态学的观点和原理出发，对植被恢复过程中，植被的水沙效应和水文效应等方面的问题进行大量的研究，并证实灌草类植被的存在可以增加入渗、减少地表水土流失（余万洋等，2023；Liu et al.，2021）。大量的研究集中在地表径流产生的机理及影响因素，以及其与土壤侵蚀之间的关系，研究壤中流的报道较少，将壤中流和地表径流结合起来并探讨二者相互影响的研究更少。在节水技术研究方面，大多是关于如何提高已有土壤水利用率的技术和研究报告，如农膜覆盖、秸秆覆盖、少耕和免耕、选用抗旱品种等技术，但没有关于如何提高雨水土壤蓄积率、扩大土壤水有效库容的研究报道。本专著主要系统研究了不同雨强、耕作方式、施肥方式、覆盖方式和平衡施肥等因素对土壤有效蓄积雨水的影响规律，并研制了提高雨水土壤有效库容的高效简易耕作技术，为实现雨水就地蓄积、提高坡耕地抗旱能力和持续生产力提供了理论支撑和技术保障。

1.2.4　坡耕地水土、养分流失防治技术

国外土壤侵蚀防治强调与自然和谐一致，主要采取的措施有休耕、秸秆覆盖、残茬覆盖、等高种植、少耕和免耕等水土保持农业耕作措施，小流域水土治理则将耕作措施、生物措施和工程措施结合起来，同时注重水土保持效益与土地所有者的利益相结合，尤其是农林复合经营技术在热带、亚热带地区被成功应用。我国十分重视土壤侵蚀防治技术的研究示范，在林草植被快速恢复与建造技术、林草植被自我修复技术、流域生态经济系统的管理与调控技术、可持续发展理论指导下的水土流失综合治理开发技术、泥石流和滑坡等山地灾害防治技术等方面开展了大量研究，特别是在坡地整治与沟壑坝系优化建设技术方面，通过耕作技术改进，改变了顺坡起垄、盲目开发的旧式耕作方式，建立起了适应气候类型、立足于抗旱减灾、降低土壤侵蚀程度的耕作技术（Liu et al.，2018；Cui et al.，2020；Wang et al.，2019；Zhan et al.，2020；严磊等，2022；杨涛等，2023；张帆，2021；朱坚等，2016；朱利群等，2012）。本专著针对四川省坡耕地结构性差、入渗快、复种指数高、水肥流失极为严重的问题，研究提出了适宜于该地区坡耕地的平作秸秆覆盖技术、分带间耕技术、粮草套种技术和饲草缓冲带技术，不仅对治理水肥流失效果显著，而且能够提高粮食产量，减少劳力投入，增加农户收入，对坡耕地水肥流失治理、面源污染防控和保障四川省粮食安全方面具有重大意义。

1.2.5 氨挥发研究

目前氨排放尤其是农业源氨排放对环境的影响尚未引起足够的重视，相关防控技术研究也不够深入（冯小琼等，2015；李喜喜等，2015b）。大多针对农田氨挥发减排技术的研究仅考虑氮素的单一损失途径，对氮肥的损失去向缺乏系统性研究（卢丽丽等，2019；肖其亮等，2021；Ma et al.，2019；Min et al.，2021；张翀等，2015，2016）。对不同减排技术措施在田间的应用效果缺乏相应系统性评价指标。针对农田氨挥发损失及减排技术研究工作，需要加强稻田氨挥发损失的长期原位监测，将田间监测数据与影响稻田氨挥发的主控因子结合，构建符合四川省实际情况的氨排放模型。此外，需要分析和评价不同的减排技术，综合考虑经济效益、氨挥发和温室气体协同减排等因素，有针对性地提出综合的氨挥发减排技术体系。采用合适的农田管理措施来降低农田氨挥发，对提高氮肥利用率和降低氮肥环境污染风险具有重要的现实意义。

1.2.6 面源污染研究

面源污染又称为非点源污染，没有固定的排放点且污染范围大，一般通过农田径流、土壤侵蚀、农田排水等方式进入水体环境、土壤环境和大气环境，从而导致其受到污染。面源污染具有广泛性、隐蔽性、难以监测等特点（薛利红等，2013）。目前研究主要存在的问题有如下。

立法不健全，政策不完善：良法乃善治之前提。到 21 世纪农村环境问题越来越突出，农业面源污染必须得到治理。基于《中华人民共和国土壤污染防治法》，四川省先后颁布了《四川省农药管理条例》和《四川省土壤污染防治条例》等地方性法规，但仍然存在一系列问题：缺乏对化肥管理的规章制度，农药经营制度不完善，以及缺乏农膜生产、销售、回收的具体法规和规范性文件。此外，农业生产源污染的控制还缺乏监测、监督、问责等具体管理机制。

强调单项措施，忽视系统集成：农业面源污染防控可以分为源头防控、过程拦截、末端净化和循环利用。但是现在大多数技术都是强调单方面的作用，如测土配方施肥技术、秸秆还田与资源化利用技术、绿色病虫害防治技术及畜禽粪便污水处理技术等。而对于面源污染治理的复杂性，单方面进行技术措施改进并不能起到作用，应该加强技术集成。

资金投入不足，研究经费缺乏：虽然财政部对农村固定资产的支出每年都有所增长，但涨幅不大且投资总额比重仍然较低。农村固定资产投资结构中，对农业科技创新的投入较少，还需继续优化调整财政支出结构。此外，从目前来看四川省还未专门针对农业面源污染治理建立专项资金，若政府对农业面源环境的投资不足，农业面源污染的投融资机制将很难建立，农村环境治理效果也很难凸显。当前，农业面源污染已成为农业可持续发展的瓶颈，而且呈现从水体、土壤、生物到大气的立体污染，具有分散性、隐蔽性和不确定性等特点，使治理和控制工作更为复杂、艰巨，需要多方面、多环节考虑。

第 2 章　四川省种植业生产基本情况

2.1　四川省土地利用情况

2.1.1　四川省土地利用现状

根据 2017 年四川省种植业污染源普查，四川全省农用地面积 9736.15 万亩，其中耕地面积为 8117.23 万亩，占农用地面积的 83.37%；园地总面积为 1589.16 万亩，占农用地面积的 16.32%；保护地面积为 29.77 万亩，仅占农用地面积的 0.31%（图 2-1）。

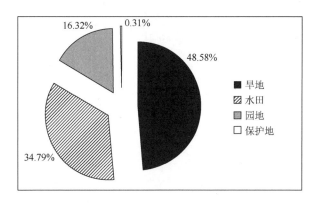

图 2-1　四川省农用地利用情况（2017 年）

2.1.2　四川省农用地在各市（州）的分布

根据 2017 年四川省种植业污染源普查，四川全省农用地面积为 9736.15 万亩，从各市（州）的分布来看（表 2-1，图 2-2），凉山彝族自治州的农用地面积排在四川省各市（州）的第一位，面积为 970.37 万亩，占全省农用地面积的 9.97%；宜宾市的农用地面积排在四川省各市（州）第二位，面积为 869.42 万亩，占全省农用地面积的 8.93%；南充市的农用地面积排在四川省各市（州）第三位，面积为 848.14 万亩，占全省农用地面积的 8.71%；成都市的农用地面积排在四川省各市（州）第四位，面积为 708.91 万亩，占全省农用地面积的 7.28%；泸州市的农用地面积排在四川省各市（州）第五位，面积为 708.28 万亩，占全省农用地面积的 7.27%。农用地面积排前 5 位的市（州），面积占全省农用地面积的 42.16%。全省农用地面积排最后的阿坝藏族羌族自治州、甘孜藏族自治州、攀枝花市、资阳市、遂宁市 5 个市（州），其农用地面积合计为 799.34 万亩，仅占全省农用地面积的 8.21%。

表 2-1 四川省各市（州）农用地面积及所占比例（2017 年）

排序	市（州）	农用地面积/万亩	占全省农用地面积的比例/%
1	凉山	970.37	9.97
2	宜宾	869.42	8.93
3	南充	848.14	8.71
4	成都	708.91	7.28
5	泸州	708.28	7.27
6	达州	645.69	6.63
7	广元	546.73	5.62
8	绵阳	522.79	5.37
9	巴中	501.16	5.15
10	眉山	487.84	5.01
11	乐山	459.31	4.72
12	广安	458.59	4.71
13	内江	356.79	3.66
14	自贡	298.37	3.06
15	德阳	294.10	3.02
16	雅安	260.32	2.67
17	遂宁	243.63	2.50
18	资阳	180.73	1.86
19	攀枝花	159.26	1.64
20	甘孜	135.72	1.39
21	阿坝	80.00	0.82
合计		9736.15	99.99

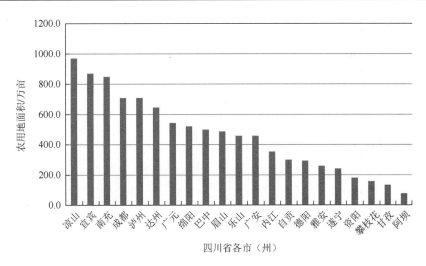

图 2-2　四川省各市（州）农用地面积（2017 年）

2.1.3　四川省耕地在各市（州）的分布

2017 年，四川全省耕地面积为 8117.23 万亩，占全省农用地的 83.37%。全省耕地面积在各市（州）的分布见表 2-2、图 2-3。其中凉山州的耕地面积在四川省各市（州）排在第一位，面积为 822.71 万亩，占全省耕地面积的 10.14%；南充市的耕地面积在四川省各市（州）排在第二位，面积为 734.35 万亩，占全省耕地面积的 9.05%；宜宾市的耕地面积在四川省各市（州）排在第三位，面积为 672.61 万亩，占全省耕地面积的 8.29%；成都市的耕地面积在四川省各市（州）排在第四位，面积为 599.72 万亩，占全省耕地面积的 7.39%；泸州市的耕地面积在四川省各市（州）排第五位，面积为 587.68 万亩，占全省耕地面积的 7.24%（表 2-2）。耕地面积排前 5 位的市（州），面积占全耕地面积的 42.10%。而全省耕地面积排最后的阿坝州、攀枝花市、甘孜州、雅安市、资阳市 5 个市（州），其耕地面积合计为 572.99 万亩，仅占全省耕地面积的 7.06%。

表 2-2　四川省各市（州）耕地面积及所占比例（2017 年）

排序	市（州）	耕地面积/万亩	占全省耕地面积的比例/%
1	凉山	822.71	10.14
2	南充	734.35	9.05
3	宜宾	672.61	8.29
4	成都	599.72	7.39
5	泸州	587.68	7.24

排序	市（州）	耕地面积/万亩	占全省耕地面积的比例/%
6	达州	581.19	7.16
7	巴中	485.72	5.98
8	绵阳	472.80	5.82
9	广元	455.84	5.62
10	广安	416.18	5.13
11	眉山	330.06	4.07
12	乐山	314.83	3.88
13	内江	313.25	3.86
14	德阳	269.34	3.32
15	自贡	261.56	3.22
16	遂宁	226.40	2.79
17	资阳	157.38	1.94
18	雅安	133.02	1.64
19	甘孜	128.17	1.58
20	攀枝花	104.12	1.28
21	阿坝	50.30	0.62
合计		8117.23	100.02

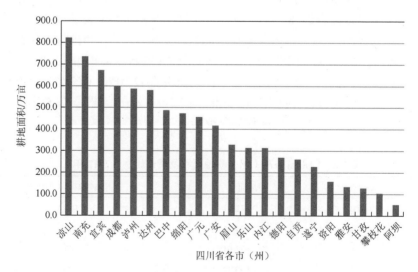

图 2-3 四川省各市（州）耕地面积（2017 年）

2.1.4　四川省旱地及水田在各市（州）的分布

2017 年，四川全省耕地面积为 8117.23 万亩，其中旱地面积为 4729.96 万亩，占耕地面积的 58.27%，水田面积为 3387.27 万亩，占耕地面积的 41.73%（表 2-3）。

表 2-3　四川省各市（州）旱地及水田面积及所占比例（2017 年）

排序	市（州）	旱地/万亩	占全省旱地面积的比例/%	排序	市（州）	水田/万亩	占全省水田面积的比例/%
1	凉山	683.32	14.45	1	成都	329.61	9.73
2	南充	440.46	9.31	2	南充	293.89	8.68
3	宜宾	386.16	8.16	3	达州	287.77	8.50
4	泸州	326.62	6.91	4	宜宾	286.45	8.46
5	绵阳	301.45	6.37	5	泸州	261.06	7.71
6	达州	293.42	6.20	6	巴中	259.17	7.65
7	广元	292.65	6.19	7	眉山	213.75	6.31
8	成都	270.11	5.71	8	广安	192.20	5.67
9	巴中	226.55	4.79	9	德阳	187.88	5.55
10	广安	223.98	4.74	10	绵阳	171.35	5.06
11	乐山	182.95	3.87	11	广元	163.20	4.82
12	内江	172.57	3.65	12	内江	140.68	4.15
13	遂宁	142.69	3.02	13	自贡	140.04	4.13
14	甘孜	127.87	2.70	14	凉山	139.39	4.12
15	自贡	121.52	2.57	15	乐山	131.89	3.89
16	眉山	116.31	2.46	16	遂宁	83.69	2.47
17	资阳	109.54	2.32	17	资阳	47.84	1.41
18	雅安	94.59	2.00	18	雅安	38.43	1.13
19	攀枝花	85.44	1.81	19	攀枝花	18.68	0.55
20	德阳	81.46	1.72	20	甘孜	0.30	0.01
21	阿坝	50.30	1.06	21	阿坝	0.00	0.00
合计		4729.96	100.01	合计		3387.27	100.00

　　四川省的旱地主要集中在凉山州、南充市、宜宾市、泸州市、绵阳市、达州市、广元市、成都市，这 8 个市（州）的旱地面积之和达 2994.19 万亩，占全省旱地面积的 63.30%（表 2-3）。凉山州旱地面积达 683.32 万亩，居全省各市（州）旱地面积第一位，占全省旱地面积的 14.45%；南充市旱地面积达 440.46 万亩，占全省旱地面积的 9.31%；宜宾市旱地面积达 386.16 万亩，占全省旱地面积的 8.16%；泸州市旱地面积达 326.62 万亩，占全省旱地面积的 6.91%；绵阳市旱地面积达 301.45 万亩，占全省旱地面积的 6.37%。旱地面积排前 5 位的市（州），面积占全省旱地面积的 45.2%。而全省旱地面积排最后的资阳市、攀枝花市、阿坝州、雅安市、德阳市 5 个市（州），其旱地面积合计 421.33 万亩，仅占全省旱地面积的 8.91%（图 2-4）。

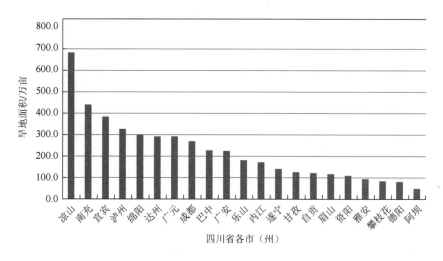

图 2-4　四川省各市（州）旱地面积（2017 年）

　　水田面积排在前 5 位的市（州）分别是成都市、南充市、达州市、宜宾市、泸州市，且 5 个市（州）的水田面积之和为 1458.78 万亩，占全省水田面积的 43.07%，成都市水田面积达 329.61 万亩，居全省各市（州）水田面积第一位，占全省水田面积的 9.73%；南充市水田面积达 293.89 万亩，占全省水田面积的 8.68%；达州市水田面积达 287.77 万亩，占全省水田面积的 8.5%；宜宾市水田面积达 286.45 万亩，占全省水田面积的 8.46%；泸州市水田面积达 261.06 万亩，占全省水田面积的 7.71%。而全省水田面积排最后的资阳市、雅安市、攀枝花市、甘孜州、阿坝州 5 个市（州），其水田面积合计 105.25 万亩，仅占全省旱地面积的 3.11%（图 2-5）。

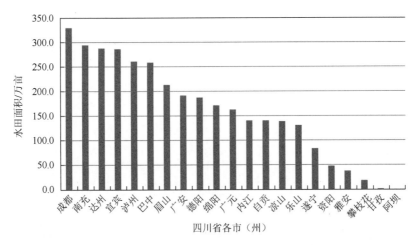

图 2-5　四川省各市（州）水田面积（2017 年）

2.1.5　四川省园地在各市（州）的分布

2017 年，四川省园地总面积为 1589.16 万亩，占农用地面积的 16.32%。园地在全省的分布相对集中在 8 个市（州），分别是宜宾市、眉山市、凉山州、乐山市、雅安市、泸州市、南充市和成都市，8 个市（州）的园地面积之和为 1097.27 万亩，占全省园地面积的近 69.05%。宜宾市园地面积为 192.65 万亩，排在第一位，占全省园地面积的 12.12%；眉山市园地面积为 157.78 万亩，排在第二位，占全省园地面积的 9.93%；凉山州园地面积为 145.78 万亩，排在第三位，占全省园地面积的 9.17%。甘孜州、巴中市、遂宁市、资阳市、德阳市的园地面积相对较小，5 个市（州）的园地面积之和为 84.95 万亩，占四川省园地面积的 5.35%（表 2-4，图 2-6）。

表 2-4　四川省各市（州）园地面积及所占比例（2017 年）

排序	市（州）	园地/万亩	占全省园地面积的比例/%
1	宜宾	192.65	12.12
2	眉山	157.78	9.93
3	凉山	145.78	9.17
4	乐山	139.41	8.77
5	雅安	126.82	7.98
6	泸州	120.42	7.58
7	南充	113.12	7.12
8	成都	101.29	6.37
9	广元	90.85	5.72

续表

排序	市（州）	园地/万亩	占全省园地面积的比例/%
10	达州	63.98	4.03
11	攀枝花	55.05	3.46
12	绵阳	49.58	3.12
13	内江	43.54	2.74
14	广安	42.41	2.67
15	自贡	31.83	2.00
16	阿坝	29.70	1.87
17	德阳	23.99	1.51
18	资阳	23.00	1.45
19	遂宁	17.23	1.08
20	巴中	13.36	0.84
21	甘孜	7.37	0.46
合计		1589.16	99.99

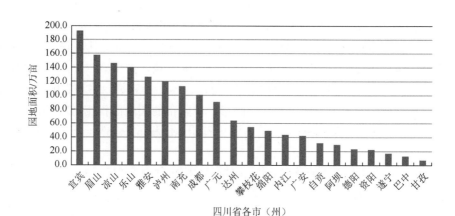

图 2-6　四川省各市（州）园地面积（2017 年）

2.1.6　四川省保护地在各市（州）的分布

2017 年，四川省保护地面积为 29.767 万亩，占全省农用地面积的 0.31%。全省的保护地集中分布在成都市、乐山市、自贡市、宜宾市，4 个市的保护地面积之和为 22.094 万亩，占全省保护地面积的 74.22%。遂宁、内江、眉山、广安、阿坝 5 个市（州）没有保护地分布（表 2-5，图 2-7）。

表 2-5　四川省各市（州）保护地面积及所占比例（2017 年）

排序	市（州）	保护地面积/万亩	占全省保护地面积的比例/%
1	成都	7.894	26.52
2	乐山	5.064	17.01
3	自贡	4.981	16.73
4	宜宾	4.155	13.96
5	巴中	2.083	7.00
6	凉山	1.877	6.31
7	德阳	0.770	2.59
8	南充	0.680	2.28
9	达州	0.514	1.73
10	雅安	0.485	1.63
11	绵阳	0.417	1.40
12	资阳	0.350	1.18
13	泸州	0.185	0.62
14	甘孜	0.176	0.59
15	攀枝花	0.096	0.32
16	广元	0.040	0.13
17	阿坝	0.000	0.00
18	广安	0.000	0.00
19	眉山	0.000	0.00
20	内江	0.000	0.00
21	遂宁	0.000	0.00
合计		29.767	100.00

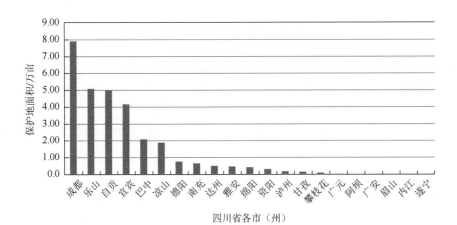

图 2-7　四川省各市（州）保护地面积及所占比例（2017 年）

2.2 四川省农用地类型概况

从不同分布类型看,全省 9736.15 万亩农用地中,4425.40 万亩为缓坡地(坡度 5°~15°),占全省农用地的 45.45%;2554.88 万亩为平地(坡度＜5°),占农用地总面积的 26.24%;2755.87 万亩为陡坡地(坡度＞15°),占农用地总面积的 28.31%。说明四川省以丘陵、山地地形为主(表 2-6)。

表 2-6 四川省农用地在不同坡度上的分布(2017 年)

不同坡度类型	面积/万亩	占农用地总面积比例/%
全省农用地总面积	9736.15	—
平地(坡度＜5°)	2554.88	26.24
缓坡地(坡度 5°~15°)	4425.40	45.45
陡坡地(坡度＞15°)	2755.87	28.31

2.2.1 四川省各市(州)土地类型的分布

四川省各市(州)土地类型的分布情况见表 2-7,全省平地(坡度＜5°)比例较高的是成都市、德阳市、眉山市,占本市农用地面积比例分别为 66.41%、66.30%、45.35%。平地比例较低的市(州)是广元市、阿坝州、巴中市,占本市农用地面积比例分别为 5.52%、6.33%、9.25%,均在 10%以下。

表 2-7 四川省各市(州)土地类型分布情况(2017 年)

市(州)	农用地总面积/万亩	①平地(坡度＜5°)		②缓坡地(坡度 5°~15°)		③陡坡地(坡度＞15°)	
		面积/万亩	占市(州)农用地总面积比例/%	面积/万亩	占市(州)农用地总面积比例/%	面积/万亩	占市(州)农用地总面积比例/%
阿坝	80.00	5.06	6.33	35.18	43.97	39.76	49.70
巴中	501.16	46.34	9.25	228.47	45.59	226.35	45.17
成都	708.91	470.82	66.41	193.65	27.32	44.44	6.27
达州	645.69	109.22	16.92	374.74	58.04	161.73	25.05

续表

市（州）	农用地总面积/万亩	①平地（坡度＜5°）		②缓坡地（坡度 5°～15°）		③陡坡地（坡度＞15°）	
		面积/万亩	占市（州）农用地总面积比例/%	面积/万亩	占市（州）农用地总面积比例/%	面积/万亩	占市（州）农用地总面积比例/%
德阳	294.10	194.98	66.30	82.16	27.94	16.96	5.77
甘孜	135.72	39.10	28.81	46.92	34.57	49.70	36.62
广安	458.59	139.87	30.50	219.02	47.76	99.70	21.74
广元	546.73	30.19	5.52	233.34	42.68	283.20	51.80
乐山	459.31	87.89	19.13	233.30	50.79	138.12	30.07
凉山	970.37	221.89	22.87	290.30	29.92	458.18	47.22
泸州	708.28	115.63	16.33	382.62	54.02	210.03	29.65
眉山	487.84	221.22	45.35	214.29	43.93	52.33	10.73
绵阳	522.79	183.14	35.03	253.83	48.55	85.82	16.42
南充	848.14	159.94	18.86	439.70	51.84	248.50	29.30
内江	356.79	112.06	31.41	206.58	57.90	38.15	10.69
攀枝花	159.26	21.45	13.47	73.30	46.03	64.51	40.51
遂宁	243.63	64.26	26.38	144.76	59.42	34.61	14.21
雅安	260.32	61.10	23.47	97.00	37.26	102.22	39.27
宜宾	869.42	145.93	16.79	410.90	47.26	312.59	35.95
资阳	180.73	56.88	31.47	80.01	44.27	43.84	24.26
自贡	298.37	67.91	22.76	185.33	62.11	45.13	15.13
四川省	9736.15	2554.88	26.24	4425.40	45.45	2755.87	28.31

　　缓坡地（坡度 5°～15°）是全省农用土地面积占比最大的类型，面积为 4425.40 万亩，占农用地比例为 45.45%；占比最高的自贡市达 62.11%，最低的成都市也有 27.32%。自贡、遂宁、达州、内江、泸州、南充、乐山 7 市的缓坡地占本市农用地比例均超过 50%。

　　全省陡坡地（坡度＞15°）面积为 2755.87 万亩，占全省农用土地面积的 28.31%。广元市、阿坝州、凉山州、巴中市、攀枝花市的陡坡地占本市（州）农用地比例分别为 51.80%、49.70%、47.22%、45.17%、40.51%，这些市（州）以山区为主（图 2-8）。

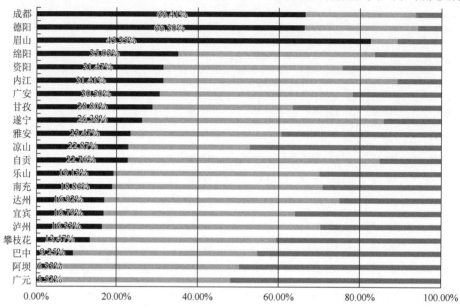

图 2-8　四川省各市（州）农用地在不同坡度上的分布（2017 年）

2.2.2　坡地中梯田改造与种植情况

四川省坡地（缓坡地与陡坡地之和）面积为 7181.27 万亩，坡地中梯田面积为 3217.62 万亩，占坡地总面积的 44.81%；非梯田面积为 3963.65 万亩，占坡地面积的 55.19%。

四川省 3963.65 万亩非梯田中，横坡种植面积为 1286.24 万亩，占非梯田面积的 32.45%；顺坡种植面积为 1827.26 万亩，占非梯田面积的 46.10%；园地面积为 850.15 万亩，占非梯田面积的 21.45%（表 2-8）。

表 2-8　四川省坡地种植方向（2017 年）

种植方向	面积/万亩	占坡地面积比例/%	占非梯田面积比例/%
全省坡地	7181.27		
梯田	3217.62	44.81	
非梯田	3963.65	55.19	
横坡	1286.24		32.45
顺坡	1827.26		46.10
园地	850.15		21.45

2.2.3　坡地中梯田与非梯田利用情况

四川省坡地中梯田比例较高的市（州）包括巴中、眉山、攀枝花、达州、广元、泸州、宜宾、乐山，其梯田占本市（州）坡地的比例分别为 67.96%、58.59%、57.76%、56.88%、52.72%、52.60%、52.33%、50.25%，均在 50% 以上。梯田比例最低的是资阳市和阿坝州，其梯田占本市（州）坡地的比例分别为 5.93%、6.89%（表 2-9，图 2-9）。

表 2-9　四川省各市（州）坡地现状（2017 年）

市（州）	坡地面积/万亩	梯田		非梯田	
		面积/万亩	占市（州）坡地比例/%	面积/万亩	占市（州）坡地比例/%
巴中	454.82	309.10	67.96	145.72	32.04
眉山	266.62	156.22	58.59	110.40	41.41
攀枝花	137.82	79.60	57.76	58.22	42.24
达州	536.46	305.14	56.88	231.32	43.12
广元	516.54	272.30	52.72	244.24	47.28
泸州	592.65	311.72	52.60	280.93	47.40
宜宾	723.48	378.58	52.33	344.90	47.67
乐山	371.42	186.65	50.25	184.77	49.75
自贡	230.46	111.87	48.54	118.59	51.46
南充	688.20	314.05	45.63	374.15	54.37
广安	318.72	145.38	45.61	173.34	54.39
遂宁	179.37	79.49	44.32	99.88	55.68
雅安	199.21	84.23	42.28	114.98	57.72
内江	244.74	90.09	36.81	154.65	63.19
成都	238.09	77.25	32.45	160.84	67.55
绵阳	339.65	98.73	29.07	240.92	70.93
凉山	748.48	170.87	22.83	577.61	77.17
德阳	99.12	18.76	18.93	80.36	81.07
甘孜	96.63	15.08	15.61	81.55	84.39
阿坝	74.93	5.16	6.89	69.77	93.10
资阳	123.86	7.35	5.93	116.51	94.07
四川省	7181.27	3217.62	44.81	3963.65	55.19

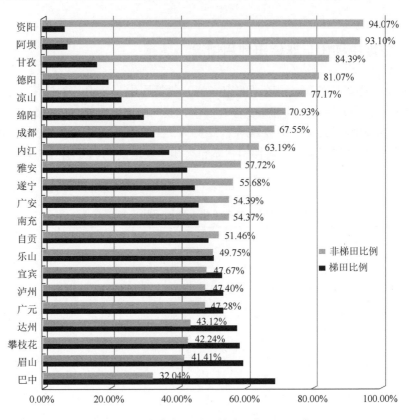

图 2-9 四川省各市（州）坡地现状（2017 年）

四川省坡地中 3963.65 万亩非梯田包括三种模式，即横坡、顺坡、园地。其中,横坡种植面积为 1286.24 万亩,占坡地面积的 32.45%;顺坡种植面积为 1827.26 万亩,占坡地面积的 46.10%;园地面积为 850.15 万亩，占坡地面积的 21.45%。其中顺坡种植的比例最高（表 2-10，图 2-10）。

表 2-10 四川省非梯田利用现状（2017 年）

市（州）	非梯田		横坡		顺坡		园地	
	面积/万亩	占市（州）坡地比例/%	面积/万亩	占市（州）坡地比例/%	面积/万亩	占市（州）坡地比例/%	面积/万亩	占市（州）坡地比例/%
资阳	116.51	94.07	65.69	56.38	30.84	26.47	19.98	17.15
遂宁	99.88	55.68	51.17	51.23	40.98	41.03	7.73	7.74
甘孜	81.55	84.39	41.37	50.73	36.54	44.81	3.64	4.46
绵阳	240.92	70.93	119.08	49.43	90.29	37.48	31.55	13.10

续表

市（州）	非梯田		横坡		顺坡		园地	
	面积/万亩	占市（州）坡地比例/%	面积/万亩	占市（州）坡地比例/%	面积/万亩	占市（州）坡地比例/%	面积/万亩	占市（州）坡地比例/%
凉山	577.61	77.17	259.71	44.96	242.36	41.96	75.54	13.08
巴中	145.72	32.04	59.80	41.04	77.03	52.86	8.89	6.10
德阳	80.36	81.07	32.02	39.85	30.75	38.27	17.59	21.89
南充	374.15	54.37	137.71	36.81	184.03	49.19	52.41	14.01
广元	244.24	47.28	84.89	34.76	93.84	38.42	65.51	26.82
攀枝花	58.22	42.24	20.22	34.73	17.45	29.97	20.55	35.30
乐山	184.77	49.75	54.34	29.41	69.29	37.50	61.14	33.09
达州	231.32	43.12	58.69	25.37	136.73	59.11	35.90	15.52
泸州	280.93	47.40	67.58	24.06	138.87	49.43	74.48	26.51
宜宾	344.90	47.67	80.54	23.35	158.28	45.89	106.08	30.76
成都	160.84	67.55	36.46	22.67	78.07	48.54	46.31	28.79
广安	173.34	54.39	37.77	21.79	110.47	63.73	25.10	14.48
眉山	110.40	41.41	20.69	18.74	36.83	33.36	52.88	47.90
自贡	118.59	51.46	19.13	16.13	75.91	64.01	23.55	19.86
内江	154.65	63.19	23.40	15.13	102.27	66.13	28.98	18.74
阿坝	69.77	93.10	8.75	12.54	35.34	50.65	25.68	36.81
雅安	114.98	57.72	7.23	6.29	41.09	35.74	66.66	57.98
四川省	3963.65	55.19	1286.24	32.45	1827.26	46.10	850.15	21.45

在各市（州）中，横坡种植面积占比较大的市（州）是资阳市、遂宁市、甘孜州、绵阳市、凉山州，其种植面积占本市（州）坡地的比例分别为56.38%、51.23%、50.73%、49.43%、44.96%。横坡种植比例较低的市（州）是雅安市、阿坝州、内江市、自贡市、眉山市，其种植面积占本市（州）坡地的比例分别为6.29%、12.54%、15.13%、16.13%、18.74%。

在各市（州）中，顺坡种植面积占比较大的市（州）是内江市、自贡市、广安市、达州市、巴中市，其种植面积占本市（州）坡地的比例分别为66.13%、64.01%、63.73%、59.11%、52.86%。顺坡种植比例相对较低的市（州）是资阳市、攀枝花市、眉山市、雅安市、绵阳市，其种植面积占本市（州）坡地的比例分别为26.47%、29.97%、33.36%、35.74%、37.48%。

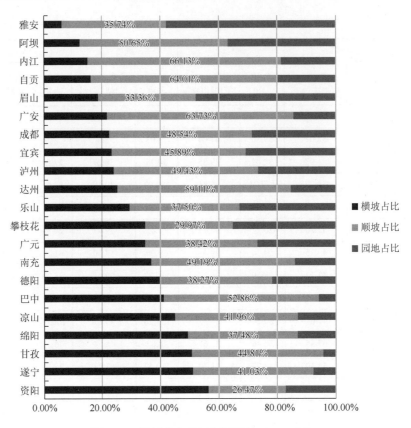

图 2-10　四川省非梯田利用现状（2017 年）

在各市（州）中，园地面积占比较大的市（州）是雅安市、眉山市、阿坝州、攀枝花市、乐山市，园地面积占本市（州）坡地的比例分别为 57.98%、47.90%、36.81%、35.30%、33.09%。园地比例相对较低的市（州）是甘孜州、巴中市、遂宁市、凉山州、绵阳市，其种植面积占本市（州）坡地的比例分别为 4.46%、6.10%、7.74%、13.08%、13.10%。

第 3 章　四川省化肥施用情况

3.1　四川省分种植模式肥料施用情况

3.1.1　四川省分种植模式磷肥施用情况

按模式统计，2017 年四川省农用地单位面积磷肥施用量为 10.76 kg/亩（折纯，P_2O_5）。种植业各种模式中，单位面积上磷肥施用量大的 5 种模式分别是南方湿润平原区-露地蔬菜、南方山地丘陵区-缓坡地-非梯田-园地、南方湿润平原区-稻菜轮作、南方山地丘陵区-陡坡地-非梯田-园地、南方山地丘陵区-陡坡地-梯田-园地，其磷肥施用量分别为 32.97 kg/亩、26.66 kg/亩、17.37 kg/亩、17.20 kg/亩、15.14 kg/亩（折纯，P_2O_5），主要是露地蔬菜、园地、稻菜模式。这 5 类模式面积为 1591.97 万亩，占农用地面积的 16.35%，但磷肥施用量达到 36.10 万 t，占全省磷肥施用量的 34.44%。

单位面积上磷肥施用量小的 5 种模式分别是南方湿润平原区-单季稻、南方山地丘陵区-陡坡地-梯田-其他水田、南方山地丘陵区-缓坡地-梯田-其他水田、南方湿润平原区-稻麦轮作、南方山地丘陵区-陡坡地-梯田-水旱轮作，磷肥施用量分别为 3.84 kg/亩、5.06 kg/亩、5.44 kg/亩、7.46 kg/亩、7.74 kg/亩（折纯，P_2O_5），集中在水田和水旱轮作模式上，即粮食作物磷肥施用量相对较低。

不同模式之间磷肥施用量差异很大，施用量最大的南方湿润平原区-露地蔬菜模式全省平均磷肥施用量达到 32.97 kg/亩，施用量最小的南方湿润平原区-单季稻模式全省平均磷肥施用量仅为 3.84 kg/亩，相差 7.6 倍。露地蔬菜施用量大的原因，一方面是蔬菜的生长季短，需肥集中、量大，另一方面是露地蔬菜复种指数高，大多都达到三季。单季稻施用量低的原因是耕地有一季休闲时间、土壤养分得以恢复。控制面源污染应重点关注施用量大的模式及养分平衡状态。种植业不同模式磷肥施用情况（折纯，P_2O_5）见表 3-1、不同模式单位面积磷肥施用量（折纯，P_2O_5）见图 3-1。

表 3-1　种植业不同模式磷肥施用情况（折纯，P_2O_5）（2017 年）

种植模式名称	种植模式面积/亩	各类模式磷肥用量/t	不同模式单位面积磷肥用量/(kg/亩)
南方湿润平原区-单季稻	4482604.35	17214.32	3.84
南方山地丘陵区-陡坡地-梯田-其他水田	1637928.26	8290.84	5.06

种植模式名称	种植模式面积/亩	各类模式磷肥用量/t	不同模式单位面积磷肥用量/(kg/亩)
南方山地丘陵区-缓坡地-梯田-其他水田	7089127.68	38579.52	5.44
南方湿润平原区-稻麦轮作	2565008.40	19145.98	7.46
南方山地丘陵区-陡坡地-梯田-水旱轮作	2503608.69	19365.52	7.74
南方山地丘陵区-陡坡地-非梯田-横坡-大田作物	6025597.64	47304.48	7.85
南方湿润平原区-稻油轮作	5534174.06	43472.74	7.86
南方山地丘陵区-缓坡地-非梯田-横坡-大田作物	6836729.08	53890.01	7.88
南方山地丘陵区-陡坡地-非梯田-顺坡-大田作物	7667401.80	64439.76	8.40
南方湿润平原区-保护地	298258.70	2550.02	8.55
南方湿润平原区-其他水旱轮作	562146.90	4895.92	8.71
南方山地丘陵区-缓坡地-梯田-水旱轮作	6336051.29	56167.35	8.86
南方山地丘陵区-陡坡地-梯田-大田作物	3597367.02	33185.51	9.22
南方山地丘陵区-缓坡地-梯田-大田作物	5886149.85	54455.07	9.25
南方湿润平原区-大田作物	3657031.49	35447.56	9.69
南方山地丘陵区-缓坡地-非梯田-顺坡-大田作物	10605241.86	114112.26	10.76
南方山地丘陵区-缓坡地-梯田-园地	2881195.26	32441.39	11.26
南方湿润平原区-其他水田	1012054.50	11486.39	11.35
南方湿润平原区-园地	2264115.61	30595.97	13.51
南方山地丘陵区-陡坡地-梯田-园地	2244667.25	33981.04	15.14
南方山地丘陵区-陡坡地-非梯田-园地	3882099.98	66778.72	17.20
南方湿润平原区-稻菜轮作	2149381.51	37340.38	17.37
南方山地丘陵区-缓坡地-非梯田-园地	4619502.32	123158.79	26.66
南方湿润平原区-露地蔬菜	3024081.80	99695.46	32.97
合计/平均	97361525.30	1047995.00	10.76

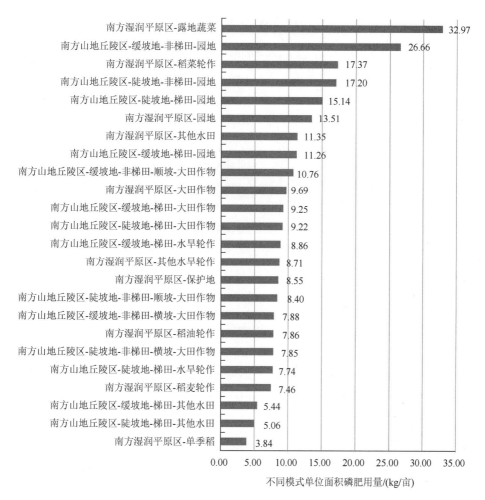

南方湿润平原区-露地蔬菜　32.97
南方山地丘陵区-缓坡地-非梯田-园地　26.66
南方湿润平原区-稻菜轮作　17.37
南方山地丘陵区-陡坡地-非梯田-园地　17.20
南方山地丘陵区-陡坡地-梯田-园地　15.14
南方湿润平原区-园地　13.51
南方湿润平原区-其他水田　11.35
南方山地丘陵区-缓坡地-梯田-园地　11.26
南方山地丘陵区-缓坡地-非梯田-顺坡-大田作物　10.76
南方湿润平原区-大田作物　9.69
南方山地丘陵区-缓坡地-梯田-大田作物　9.25
南方山地丘陵区-陡坡地-梯田-大田作物　9.22
南方山地丘陵区-缓坡地-梯田-水旱轮作　8.86
南方湿润平原区-其他水旱轮作　8.71
南方湿润平原区-保护地　8.55
南方山地丘陵区-陡坡地-非梯田-顺坡-大田作物　8.40
南方山地丘陵区-缓坡地-非梯田-横坡-大田作物　7.88
南方湿润平原区-稻油轮作　7.86
南方山地丘陵区-陡坡地-非梯田-横坡-大田作物　7.85
南方山地丘陵区-陡坡地-梯田-水旱轮作　7.74
南方湿润平原区-稻麦轮作　7.46
南方山地丘陵区-缓坡地-梯田-其他水田　5.44
南方山地丘陵区-陡坡地-梯田-其他水田　5.06
南方湿润平原区-单季稻　3.84

0.00　5.00　10.00　15.00　20.00　25.00　30.00　35.00

不同模式单位面积磷肥用量/(kg/亩)

图 3-1　不同模式单位面积磷肥施用量（折纯，P_2O_5）

3.1.2　四川省分种植模式氮肥施用情况

按模式统计，全省 2017 年农用地单位面积氮肥施用量为 20.54 kg/亩（折纯，N），见表 3-2。种植业各种模式中，单位面积氮肥施用量大的是南方湿润平原区-露地蔬菜，达到 39.90 kg/亩，是农用地平均氮肥施用量的近 2 倍；其次是 5 种园地模式，南方山地丘陵区-陡坡地-梯田-园地、南方山地丘陵区-缓坡地-非梯田-园地、南方山地丘陵区-陡坡地-非梯田-园地、南方山地丘陵区-缓坡地-梯田-园地、南方湿润平原区-园地，其氮肥施用量分别为 35.50 kg/亩、28.19 kg/亩、27.37 kg/亩、25.24 kg/亩、24.95 kg/亩，明显高于其他模式。

表 3-2　种植业不同模式氮肥施用情况（折纯，N）（2017 年）

种植模式名称	种植模式面积/亩	各类模式氮肥用量/t	不同模式单位面积 氮肥用量/(kg/亩)
南方湿润平原区-单季稻	4482604.35	42742.46	9.54
南方山地丘陵区-陡坡地-梯田-其他水田	1637928.26	16815.03	10.27
南方山地丘陵区-缓坡地-梯田-其他水田	7089127.68	77887.23	10.99
南方湿润平原区-保护地	298258.70	4041.54	13.55
南方湿润平原区-其他水田	1012054.50	15758.83	15.57
南方山地丘陵区-陡坡地-梯田-水旱轮作	2503608.69	41688.75	16.65
南方山地丘陵区-陡坡地-梯田-大田作物	3597367.02	60754.49	16.89
南方山地丘陵区-缓坡地-梯田-大田作物	5886149.85	112050.01	19.04
南方山地丘陵区-陡坡地-非梯田-顺坡-大田作物	7667401.80	147468.64	19.23
南方山地丘陵区-缓坡地-梯田-水旱轮作	6336051.29	123977.43	19.57
南方山地丘陵区-缓坡地-非梯田-横坡-大田作物	6836729.08	134406.27	19.66
南方湿润平原区-大田作物	3657031.49	72671.22	19.87
南方湿润平原区-稻油轮作	5534174.06	110213.84	19.92
南方湿润平原区-其他水旱轮作	562146.90	11208.20	19.94
南方山地丘陵区-陡坡地-非梯田-横坡-大田作物	6025597.64	123724.30	20.53
南方山地丘陵区-缓坡地-非梯田-顺坡-大田作物	10605241.86	229796.81	21.67
南方湿润平原区-稻麦轮作	2565008.40	56897.70	22.18
南方湿润平原区-稻菜轮作	2149381.51	51474.30	23.95
南方湿润平原区-园地	2264115.61	56489.65	24.95
南方山地丘陵区-缓坡地-梯田-园地	2881195.26	72716.63	25.24
南方山地丘陵区-陡坡地-非梯田-园地	3882099.98	106248.03	27.37
南方山地丘陵区-缓坡地-非梯田-园地	4619502.32	130224.92	28.19
南方山地丘陵区-陡坡地-梯田-园地	2244667.25	79688.98	35.50
南方湿润平原区-露地蔬菜	3024081.80	120669.74	39.90
合计/平均	97361525.30	1999615	20.54

单位面积上氮肥施用量小的 5 种模式分别是南方湿润平原区-单季稻、南方山地丘陵区-陡坡地-梯田-其他水田、南方山地丘陵区-缓坡地-梯田-其他水田、南方湿润平原区-保护地、南方湿润平原区-其他水田，氮肥施用量分别为 9.54 kg/亩、10.27 kg/亩、10.99 kg/亩、13.55 kg/亩、15.57 kg/亩（折纯，N），集中在保护地和稻田相关的模式上，见图 3-2。

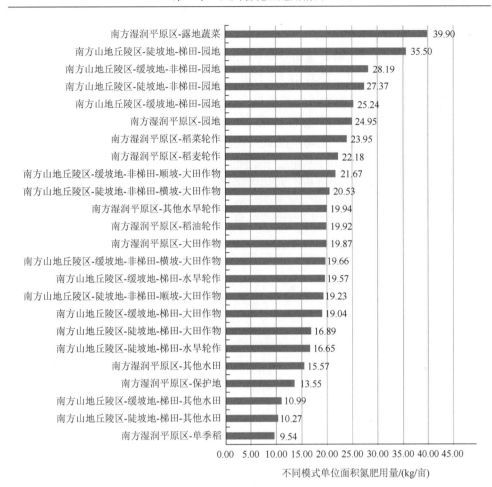

图 3-2　种植业不同模式单位面积氮肥用量（折纯，N）

不同模式之间氮肥施用量变化趋势与磷肥基本一致，施用量最大的仍然是南方湿润平原区-露地蔬菜模式，其全省平均氮肥施用量达到 39.90 kg/亩，施用量最小的南方湿润平原区-单季稻模式全省平均氮肥施用量仅为 9.54 kg/亩，相差较大。控制氮肥造成的面源污染应重点关注施用量大的露地蔬菜模式及各类园地模式。

3.2　各市（州）种植业肥料施用量

3.2.1　各市（州）种植业磷肥的施用量

四川省 2017 年各市（州）种植业磷肥施用情况（表 3-3）：全省磷肥总施用量

为 104.80 万 t，施用量排在前 5 位的市（州）是成都市、宜宾市、绵阳市、凉山州、南充市，分别占全省磷肥施用总量的 10.67%、9.83%、9.62%、8.12%、7.26%，5 个市（州）的磷肥施用总量为 47.68 万 t，占全省磷肥总施用量的 45.50%；全省 2017 年农用地平均单位面积磷肥施用量为 10.76 kg/亩，排在前 5 位的是绵阳市（19.29 kg/亩）、成都市（15.77 kg/亩）、雅安市（14.90 kg/亩）、阿坝州（14.70 kg/亩）和攀枝花市（13.49 kg/亩）；平均单位面积磷肥施用量较少的市（州）分别是甘孜州（5.62 kg/亩）、广元市（6.38 kg/亩）、资阳市（6.42 kg/亩）、泸州市（7.18 kg/亩）、自贡市（7.34 kg/亩）。总体分析，四川省磷肥的施用量偏高，在各市（州）之间不平衡（图 3-3）。

表 3-3　四川省各市（州）磷肥施用情况（折纯，P_2O_5）（2017 年）

序号	市（州）	农用地面积/亩	施用总量/t	占全省总量的比例/%	市（州）	农用地平均用量/(kg/亩)
1	甘孜州	1357177	7630	0.73	甘孜州	5.62
2	资阳市	1807315	11599	1.11	广元市	6.38
3	阿坝州	800040	11757	1.12	资阳市	6.42
4	攀枝花市	1592646	21486	2.05	泸州市	7.18
5	自贡市	2983701	21905	2.09	自贡市	7.34
6	遂宁市	2436281	24701	2.36	凉山州	8.77
7	内江市	3567917	32371	3.09	南充市	8.97
8	德阳市	2941008	32672	3.12	内江市	9.07
9	广元市	5467271	34908	3.33	达州市	9.64
10	雅安市	2603208	38801	3.70	遂宁市	10.14
11	泸州市	7082826	50878	4.85	巴中市	10.57
12	乐山市	4593078	51015	4.87	乐山市	11.11
13	广安市	4585853	52206	4.98	德阳市	11.11
14	巴中市	5011633	52953	5.05	广安市	11.38
15	达州市	6456806	62273	5.94	宜宾市	11.85
16	眉山市	4878401	64005	6.11	眉山市	13.12
17	南充市	8481431	76076	7.26	攀枝花市	13.49
18	凉山州	9703729	85062	8.12	阿坝州	14.70
19	绵阳市	5227919	100867	9.62	雅安市	14.90
20	宜宾市	8694181	103028	9.83	成都市	15.77
21	成都市	7089104	111802	10.67	绵阳市	19.29
	四川省	97361525	1047995	100.00	四川省	10.76

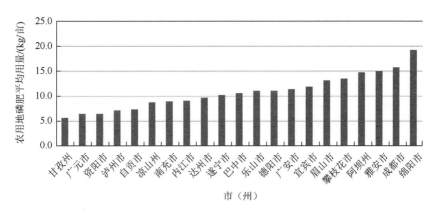

图 3-3　四川省各市（州）磷肥施用量

3.2.2　各市（州）种植业氮肥的施用量

四川省各市（州）种植业氮肥施用情况（表 3-4）：全省 2017 年氮肥总施用量为 199.96 万 t，排在前 5 位的市（州）是凉山州、南充市、成都市、绵阳市和宜宾市，其用量分别为 22.91 万 t、18.74 万 t、17.62 万 t、15.52 万 t 和 13.83 万 t，5 个市（州）农用地总面积为 3919.64 万亩，占全省农用地面积的 40.26%，氮肥施用总量为 88.62 万 t，占全省氮肥总用量的 44.32%，氮肥施用量与农用地面积具有一定的相关性。全省农用地 2017 年平均单位面积氮肥施用量为 20.54 kg/亩，单位面积氮肥施用量排在前 5 位的市（州）是雅安市（30.22 kg/亩）、绵阳市（29.69 kg/亩）、乐山市（27.40 kg/亩）、成都市（24.86 kg/亩）、凉山州（23.61 kg/亩）（图 3-4）。单位面积氮肥施用量相对较低的市（州）分别是甘孜州（9.55 kg/亩）、泸州市（12.44 kg/亩）、巴中市（14.94 kg/亩）、资阳市（15.04 kg/亩）、自贡市（15.37 kg/亩）。

表 3-4　四川省各市（州）种植业氮肥施用情况（折纯，N）（2017 年）

序号	市（州）	农用地面积/亩	施用总量/t	占全省总量的比例/%	市（州）	农用地平均用量/(kg/亩)
1	甘孜州	1357177	12965	0.65	甘孜州	9.55
2	阿坝州	800040	17064	0.85	泸州市	12.44
3	资阳市	1807315	27188	1.36	巴中市	14.94
4	攀枝花市	1592646	37510	1.88	资阳市	15.04
5	自贡市	2983701	45865	2.29	自贡市	15.37
6	遂宁市	2436281	55213	2.76	宜宾市	15.90
7	德阳市	2941008	68024	3.40	广安市	17.59
8	内江市	3567917	69403	3.47	达州市	18.00

序号	市（州）	农用地面积/亩	施用总量/t	占全省总量的比例/%	市（州）	农用地平均用量/(kg/亩)
9	巴中市	5011633	74894	3.75	内江市	19.45
10	雅安市	2603208	78672	3.93	广元市	19.96
11	广安市	4585853	80668	4.03	阿坝州	21.33
12	泸州市	7082826	88143	4.41	眉山市	21.85
13	眉山市	4878401	106604	5.33	南充市	22.09
14	广元市	5467271	109143	5.46	遂宁市	22.66
15	达州市	6456806	116239	5.81	德阳市	23.13
16	乐山市	4593078	125830	6.29	攀枝花市	23.55
17	宜宾市	8694181	138272	6.91	凉山州	23.61
18	绵阳市	5227919	155214	7.76	成都市	24.86
19	成都市	7089104	176204	8.81	乐山市	27.40
20	南充市	8481431	187376	9.37	绵阳市	29.69
21	凉山州	9703729	229124	11.46	雅安市	30.22
	四川省	97361525	1999615	100.00	四川省	20.54

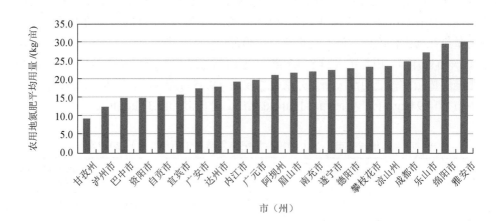

图 3-4　各市（州）农用地氮肥平均施用量

3.2.3　各市（州）种植业钾肥的施用量

四川省各市（州）种植业钾肥施用情况（表 3-5）：全省 2017 年钾肥总施用量为 107.64 万 t，排在前 5 位的市（州）是成都市、凉山州、宜宾市、南充市和眉山市，其用量分别为 13.03 万 t、12.95 万 t、8.99 万 t、8.16 万 t 和 6.82 万 t，5 个市（州）农用地总面积为 3884.68 万亩，占全省农用地面积的 39.90%，钾肥施用总量为 49.94 万 t，占全省钾肥总用量的 46.40%。钾肥施用量与农用地面积具有一定的相关性。全省农用地 2017 年平均单位面积钾肥施用量为 11.06 kg/亩，单位面积钾肥施用量排在前 5 位的市（州）是成都市（18.38 kg/亩）、阿坝州（17.08 kg/亩）、雅安市（16.65 kg/亩）、攀枝花市（15.34 kg/亩）、眉山市（13.97 kg/亩）。单位面积钾肥施用量相对较低的市（州）分别是甘孜州（6.06 kg/亩）、广元市（7.14 kg/亩）、自贡市（7.32 kg/亩）、资阳市（7.36 kg/亩）、巴中市（7.46 kg/亩），见图 3-5。

表 3-5 四川省各市（州）种植业钾肥施用情况（折纯，K_2O）（2017 年）

序号	市（州）	农用地面积/亩	施用总量/t	占全省总量的比例/%	市（州）	农用地平均用量/(kg/亩)
1	甘孜州	1357177	8218	0.76	甘孜州	6.06
2	资阳市	1807315	13298	1.24	广元市	7.14
3	阿坝州	800040	13667	1.27	自贡市	7.32
4	自贡市	2983701	21836	2.03	资阳市	7.36
5	遂宁市	2436281	23533	2.19	巴中市	7.46
6	攀枝花市	1592646	24426	2.27	达州市	8.11
7	内江市	3567917	32285	3.00	泸州市	8.13
8	德阳市	2941008	34007	3.16	内江市	9.05
9	巴中市	5011633	37384	3.47	南充市	9.62
10	广元市	5467271	39010	3.62	遂宁市	9.66
11	雅安市	2603208	43347	4.03	宜宾市	10.34
12	广安市	4585853	48562	4.51	广安市	10.59
13	达州市	6456806	52344	4.86	德阳市	11.56
14	泸州市	7082826	57589	5.35	绵阳市	12.51
15	乐山市	4593078	62026	5.76	凉山州	13.34
16	绵阳市	5227919	65424	6.08	乐山市	13.50
17	眉山市	4878401	68165	6.33	眉山市	13.97
18	南充市	8481431	81586	7.58	攀枝花市	15.34
19	宜宾市	8694181	89888	8.35	雅安市	16.65
20	凉山州	9703729	129493	12.03	阿坝州	17.08
21	成都市	7089104	130299	12.11	成都市	18.38
	四川省	97361525	1076387	100.00	四川省	11.06

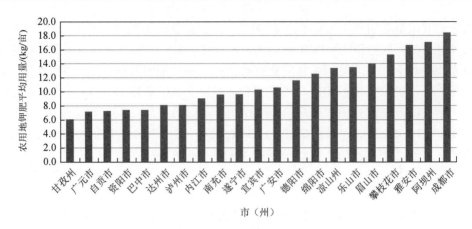

图 3-5　各市（州）农用地钾肥平均施用量

第4章 坡耕地流域水土、养分流失源研究

针对坡耕地区土地利用方式复杂，各种利用方式水土、养分流失差异大的特点，研究流域水分、养分和土壤的流失源，发现流域侵蚀和养分损失的重点区域，为流域水土、养分流失防控提供理论支撑。

4.1 小流域输沙特征

针对坡耕地区地貌起伏大，悬移质与推移质之间转变频繁等问题，通过研究流域输沙特征，明确流域侵蚀模数、流域悬推比、流域输移比及流域输沙源，探明流域泥沙流失方式和来源。

4.1.1 小流域悬推比及输沙来源

表 4-1 所列为 1992 年 5 次洪水过程柿子沟小流域的悬移质、推移质及其悬推比测定结果。除 920813 号洪水外，其他次洪水悬推比稳定在 1∶0.19～1∶0.23，分布较为集中，表明小流域输沙以悬移质为主。

表 4-1 1992 年柿子沟小流域悬推比测定结果

测次	洪水编号	历时/h	悬移质输沙量/t	推移质输沙量/t	悬推比
1	920612	23	1.97	0.37	1∶0.19
2	920619	68	23.80	5.1	1∶0.21
3	920713	81.8	40.89	9.4	1∶0.23
4	920802	48	78.34	16.3	1∶0.21
5	920813	21.3	5.35	3.5	1∶0.65

我们根据本区裸岩、坡耕地等主要侵蚀源养分含量差异大的特点，运用养分分析方法进行研究。从表 4-2 看出，河口推移质输沙的有机质、全氮、碱解氮和有效磷等养分含量与裸岩风化物相近；而河口悬移质输沙的养分含量接近于坡耕地流失的悬移质。由此可做以下定性分析：推移质输沙主要来源于裸岩、荒坡及其在背沟、河道中的风化碎屑物；悬移质输沙主要来源于坡耕地中的土壤细颗粒。并认为，坡耕地为流域输沙的主要来源。

表 4-2　1992 年悬移质、推移质输沙与侵蚀源的养分比较

泥沙名称	有机质/ （g/kg）	全氮/ （10 g/kg）	碱解氮/ （mg/kg）	有效磷/ （mg/kg）	全磷/ （10 g/kg）	速效钾/ （mg/kg）
悬移质输沙	17.45	0.138	96.5	22.2	0.098	247.2
推移质输沙	6.60	0.044	26.0	4.4	0.119	156.5
坡耕地悬移质	15.75	0.115	101.4	15.0	0.116	200.6
坡耕地土壤	9.00	0.079	33.0	12.3	0.097	150.7
裸岩风化物	5.75	0.046	24.0	2.0	0.098	122.9

4.1.2　小流域输移比

1989～1995 年 27 次降雨输移比变化表明（张奇等，1997），降雨输移比往往不是一个常数，而是一个范围，最大值为 0.33，最小值为 0.04，平均为 0.168。经频率分析并检验符合正态分布，输移比为 0.08～0.23 的面积占 73.0%。不同生态与利用其输移比有很大差异。依据悬移质、推移质分别来源于坡耕地和裸岩、荒坡的结论进行统计分析（表 4-3），坡耕地输移比为 0.25～0.41，平均为 0.33。

表 4-3　柿子沟小流域坡耕地与裸岩、荒坡输移比

年份	悬移质输沙量/t	推移质输沙量/t	坡耕地侵蚀量/t	裸岩、荒坡 侵蚀量/t	坡耕地输 移比	裸岩、荒坡输 移比
1989	114.0	26.2	286.2	590.0	0.40	0.04
1990	233.6	53.7	923.0	907.0	0.25	0.06
1991	77.5	17.8	229.8	791.0	0.34	0.02
1992	149.0	38.9	363.0	734.6	0.41	0.05
1995	404.9	88.5	1513.0	1249.8	0.27	0.07
平均值	195.80	45.02	663.00	854.48	0.33	0.05

4.1.3　小流域土壤侵蚀模数的评价

通过多年（1989～1995 年）响水滩小流域因子径流场监测结果，结合流域内不同生态及其利用的分布面积，分别计算小流域与不同土地利用类型的侵蚀模数。从表 4-4 看出，该流域侵蚀模数为 9.35～31.27 t/hm²，平均为 17.24 t/hm²，属于轻度侵蚀，如扣除侵蚀轻微的稻田和部分旱地面积，计算水土流失区域的侵蚀模数，平均侵蚀模数为 33.65 t/hm²，属于中度侵蚀，其中达强度侵蚀年占 14.3%。水土流失区侵蚀模数与降雨侵蚀力呈直线关系，即 $y = 1045.5 + 7.878x$ [$R^2 = 0.9269^{**}$（**表示相关性好），$n = 7$]（张奇等，1997）。张信宝等研究发现川中丘陵区武家沟小流域林地、农耕地和裸坡地的相对来沙量分别为 18%、46% 和 36%，农耕地

是流域内最重要的泥沙来源，裸坡地对泥沙的贡献率仅次于农耕地（张信宝等，2004）。此外，陈晓燕研究重庆市戴家沟紫色土小流域土地利用类型、流域空间变异对土壤侵蚀模数的影响，结果表明：上游中坡农耕地（种植作物为玉米）年土壤侵蚀厚度为 1.84 cm，土壤侵蚀模数最大，为 68.38 t/(hm^2·a)；下游上坡马尾松林地年土壤侵蚀厚度为 0.09 cm，土壤侵蚀模数最小，仅为 2.68 t/(hm^2·a)；不同土地利用类型土壤侵蚀模数大小顺序为农耕地＞荒草地＞柑橘林地＞马尾松林地，四种土地利用类型的平均土壤侵蚀模数分别为 32.98 t/(hm^2·a)、28.81 t/(hm^2·a)、24.93 t/(hm^2·a)、17.39 t/(hm^2·a)；从不同地貌部位来看，中坡侵蚀模数＞上坡侵蚀模数＞下坡侵蚀模数（陈晓燕，2009）。综合相似小流域的研究结果，可见随着农村经济条件的不断改善，农村生活用柴逐渐改为电、气，对荒山荒坡依存度降低，荒山荒坡植被逐渐恢复，使荒山荒坡面积逐渐减少，植被覆盖度也逐渐提高，水土流失占比显著下降，耕地逐渐成了首要侵蚀源。

表4-4 响水滩小流域土壤侵蚀分布与侵蚀模数

年份	项目	坡耕地				非耕地			
		5°～10°	10°～15°	＞15°	合计	光坡	荒坡	疏（幼）林坡	合计
	面积/hm^2	79.6	35.8	18.5	133.9	22.7	15.3	58.7	96.7
1989	侵蚀量/[t/(hm^2·a)]	3.57	15.2	19.14	—	96.8	44.6	2.46	—
	侵蚀总量/t	284.5	549.2	354.3	1188	2197.4	682.4	144.4	3024.2
1990	侵蚀量/[t/(hm^2·a)]	24.5	51.03	58.32	—	140.85	69	11.2	—
	侵蚀总量/t	1951	1826.9	1078.9	4856.8	3197.3	1055.7	657.4	4910.4
1991	侵蚀量/[t/(hm^2·a)]	1.49	11.39	21.97	—	138.12	42.7	1.25	—
	侵蚀总量/t	118.6	407.8	406.4	932.8	3135.3	653.3	73.4	3862.0
1992	侵蚀量/[t/(hm^2·a)]	2.9	13.1	20.7	—	118.76	49.2	6.2	—
	侵蚀总量/t	230.8	469	383.0	1082.8	2695.9	752.8	363.9	3812.6
1993	侵蚀量/[t/(hm^2·a)]	19.05	80.4	72.7	—	170.16	65.2	7.74	—
	侵蚀总量/t	1516.3	2878.3	1345.3	5739.9	3862.6	997.6	454.3	5314.5
1994	侵蚀量/[t/(hm^2·a)]	3.86	9.49	17.78	—	176	31.4	1.23	—
	侵蚀总量/t	307.3	339.7	328.9	975.9	3995.2	480.4	72.2	4547.8
1995	侵蚀量/[t/(hm^2·a)]	28.63	97.8	101.8	—	184.1	71.0	19.44	—
	侵蚀总量/t	2278.9	3501.2	1883.3	7663.4	4179.1	1086.3	1142.1	6407.5
年均侵蚀量/[t/(hm^2·a)]		12.00	39.77	44.63	23.94	146.40	53.30	7.07	47.1

年份	流域侵蚀量		水土流失区侵蚀模数/[t/(km^2·a)]	小流域侵蚀模数/[t/(km^2·a)]	年侵蚀力/[t·m^2/(hm^2·h)]
	总量/t	坡地占比/%			
1989	4207	28.1	1825.0	935	157.5
1990	9767	49.7	4235.0	2170	266.6

续表

年份	流域侵蚀量		水土流失区侵蚀模数 /[t/(km²·a)]	小流域侵蚀模数 /[t/(km²·a)]	年侵蚀力 /[t·m²/(hm²·h)]
	总量/t	坡地占比/%			
1991	4795	19.5	2079	1066	160.0
1992	4895	22.1	2123	1088	211.9
1993	11054	51.9	4794	2456	397.9
1994	5524	15.3	2395	1228	170.0
1995	14071	54.5	6102	3127	696.9
年均值	—	41.3	3365	1724	294.4

4.2　小流域径流和土壤侵蚀的时空分布

针对坡耕地区土地利用复杂，土地可蚀性差异大等问题，通过研究流域土壤侵蚀的时间和空间分布，明确土壤侵蚀防控的重点时间和区域。

4.2.1　小流域径流和土壤侵蚀的时间分布

1. 小流域径流的时间分布

表 4-5 列出了响水滩小流域 1988～1995 年降雨、径流资料。小流域年径流深为 81.8～496 mm，随年降雨量波动而发生变化，年径流深（y）与年降雨量（x）关系为 $y = 1099 - 680.6 \times 103/x$（$R^2 = 0.9734^{**}$，$n = 8$）。小流域径流系数为 0.12～0.44，平均为 0.32。小流域径流系数与年降雨量呈抛物线关系，即 $y = 0.469 \exp[(\ln x - 6.931)^2/(-0.1374)]$（$R^2 = 0.9446^{**}$，$n = 8$）。小流域可利用水量（年降雨量减去流域径流深，未扣除蒸发量）为（574±49）mm，年度间变化幅度较小，反映了该流域对降雨的保持与利用能力较弱。

表 4-5　响水滩小流域历年降雨、径流统计值（1988～1995 年）

年份	项目	月份												年总计	径流系数	可利用水量/mm
		1	2	3	4	5	6	7	8	9	10	11	12			
1988	降雨量/mm	11.1	22.9	44.8	15.9	97.7	91.2	310.7	250.2	146.9	19.6	8.9	4.1	1024.0	0.444	569.2
	径流深/mm	3.43	3.0	3.21	3.59	23.53	21.3	109.5	123.1	123.3	35.6	2.89	2.38	454.8		

续表

年份	项目	月份												年总计	径流系数	可利用水量/mm
		1	2	3	4	5	6	7	8	9	10	11	12			
1989	降雨量/mm	14.6	25.9	21.9	59.0	64.7	92.6	157.3	132.4	83.5	78.1	28.4	6.5	764.9	0.308	529.2
	径流深/mm	4.47	5.16	1.73	2.19	12.6	13.2	60.2	54.2	14.9	49.1	13.1	4.8	235.7		
1990	降雨量/mm	15.0	11.8	31.6	43.6	48.5	200.0	198.7	83.6	63.6	79.0	26.4	1.5	803.3	0.285	574.7
	径流深/mm	2.62	3.12	4.76	3.29	5.18	44.0	115.6	18.0	6.4	15.7	5.6	4.3	228.6		
1991	降雨量/mm	21.9	18.6	26.1	32.0	105.4	112.9	88.8	247.3	29.4	55.4	17.5	5.4	760.7	0.256	565.7
	径流深/mm	2.84	2.4	2.56	1.32	6.89	21.31	10.89	123.8	9.2	7.2	3.9	2.7	195.0		
1992	降雨量/mm	4.6	46.5	30.8	54.0	146.1	212.0	116.4	181	32.3	44.1	4.7	2.1	874.6	0.404	521.0
	径流深/mm	3.93	5.23	2.38	5.07	37.0	113.5	88.7	75.0	9.7	7.2	3.5	2.4	353.6		
1993	降雨量/mm	8.1	10.4	57.3	46.4	78.3	48.7	145.4	258.2	78.2	70.2	15.6	11.8	828.6	0.288	590.1
	径流深/mm	2.93	0.8	0.85	3.04	21.6	0.0	17.5	150.7	15.7	9.8	8.42	7.11	238.5		
1994	降雨量/mm	4.3	4.6	27.3	35.2	30.0	158.9	108.7	87.3	133.2	42.4	30.0	9.6	671.5	0.122	589.7
	径流深/mm	5.11	3.22	2.13	2.95	0.0	11.0	19.9	11.4	8.4	9.2	5.1	3.4	81.8		
1995	降雨量/mm	5.6	23.8	38.3	27.2	179.7	196.8	292.0	187.8	102.2	70.7	5.2	35.8	1165.1	0.426	669.2
	径流深/mm	2.1	3.5	3.2	5.7	57.8	93.8	177.8	78.4	49.5	11.2	7.7	5.2	495.9		
年均值	降雨量/mm	10.7	20.6	34.8	39.2	93.8	139.1	177.3	178.5	83.7	57.4	17.1	9.6	861.8	0.331	576.4
	径流深/mm	3.4	3.3	2.6	3.4	20.5	39.8	75.0	79.3	29.6	18.1	6.30	4.0	285.4		

小流域径流深时间变化大致分为 3 个时段。

（1）10 月至第二年 4 月：所产生的径流来源于地下水，与同期降雨无关，并随冬干、春旱地下水位下降而逐渐减弱，该时期径流深约占全年的 14.4%。

（2）与降雨分布同步，7～8 月为径流发生的主要时期，径流深分别为 75.0 mm、79.3 mm，占全年径流深的 54.1%，月径流深与月降雨量呈线性关系，即 $y = -27.7 + 0.5868x$（$R^2 = 0.8166^{**}$，$n = 16$）。

（3）5～6 月：介于前述二者之间，不仅径流深较 7、8 月少，且径流系数降低。该时正值稻田泡田、栽秧和保苗时期，需水量大；同时，又是夏旱，雨前土壤含水量低，储水能力相对较强，导致通过河口径流深减少，当月降雨量<50 mm 时，常发生断流。

2. 小流域土壤侵蚀的时间分布

从图 4-1 可知，小流域土壤侵蚀的严重时期与降雨侵蚀量的高峰期相一致，7～8 月流域侵蚀占年侵蚀量的 59%，其次为 5～6 月，占年侵蚀量的 39.7%。观察发现，不同土地利用对土壤季节性变化产生一定影响（图 4-2）。以麦-玉-苕为主体的多熟制和裸岩侵蚀的时间变化与流域侵蚀相吻合，7～8 月侵蚀量占其年侵蚀量 60%左右。但豌豆-花生种植模式例外，5～6 月份侵蚀量占年侵蚀的 36.6%，高于 7 月和 8 月，同降雨侵蚀力分布发生错位，这是因为作物根系和覆盖度是影响该种植模式侵蚀的主要因子。但该模式种植面积小，不会影响流域侵蚀的季节性分配。因此，就坡耕地整体而论，7～8 月是土壤侵蚀的主要危险期。

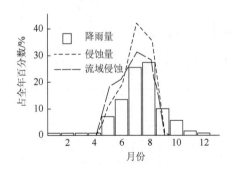
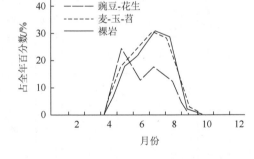

图 4-1　降雨及其流域侵蚀的时间变化　　图 4-2　不同利用与种植模式土壤侵蚀的时间变化

4.2.2　小流域径流和土壤侵蚀的空间分布

1. 小流域径流空间分布

从表 4-6 看出，地表径流主要来源于非耕地。其中荒坡、裸岩年均地表径流深分别为 155.2 mm、266.1 mm，地表径流深约占旱地的 39.6%；之后为疏（幼）

林坡，年均地表径流深为 122 mm，地表径流深约占旱地的 33.7%。坡耕地地表径流深为 32.3～61.3 mm，随坡度增大而增加。>5° 坡耕地年均地表径流深为 42.3 mm，相当于裸岩的 15.9%，其径流总量约占旱地的 26.8%。研究还表明，坡耕地、非耕地地表径流深分别为同期（5～9 月）小流域径流深的 17.3% 和 65.9%，差距甚大。1994～1995 年微区模拟试验结果认为除地表径流外，壤中流损失是径流损失的又一重要途径。

表 4-6　地表径流的空间分布（1989～1995 年）

项目	坡耕地				非耕地				总计
	5°～10°	10°～15°	15°～20°	合计	裸岩	荒坡	疏（幼）林坡	合计	
面积/hm²	79.6	35.8	18.5	133.9	22.7	15.3	58.7	96.7	230.6
径流深/mm	32.3	55.1	61.3	42.3*	266.1	155.2	122.0	161.0*	92.2*
径流深/万 m³	2.58	1.97	1.13	5.68	6.02	2.37	7.16	15.55	21.33
径流深占旱地百分数/%	12.2	9.3	5.3	26.8	28.4	11.2	33.7	73.3	100.0

*表示坡耕地、非耕地及两者总计的径流深均值。

从表 4-7 看出，在 20～120 cm 不同土层厚度下，年均壤中流损失达 49.4～189.5 mm，随土层厚度降低而增加。壤中流损失量与土层厚度的关系为 $y = 213.9 - 1.33x (R^2 = 0.9963^{**}, n = 6)$，大致每增厚 10 cm 土层，减少损失为 14 mm。

表 4-7　不同土层厚度对壤中流损失的影响（1989～1995 年）

项目	20 cm	40 cm	60 cm	80 cm	100 cm	120 cm
地表径流深/mm	189.6	171.1	172.3	148.1	145.9	143.1
壤中流深/mm	189.5	155.7	133.6	110.0	86.6	49.4
壤中流占径流总量的百分数/%	50.0	47.6	43.7	46.6	37.2	25.7

四川坡耕地区，土层一般较薄。土层厚度≤20 cm 的坡耕地约为 93.3 万 hm²，占丘陵旱地面积的 40% 左右。壤中流损失为紫色丘陵区径流损失的重要特征，增加了提高坡地降雨利用效果的难度，导致薄土作物生产不稳定。

2. 小流域土壤侵蚀的空间分布与主要侵蚀源

分布在四川盆地丘陵区丘陵山顶至山腰的裸岩光坡和陡坡，无植被，沟蚀严重，年侵蚀量达 96.8～184.1 t/hm²，平均侵蚀量为 142.6 t/hm²，属于剧烈侵蚀地段。

研究流域裸岩面积约占总辖区面积的 5.0%，其侵蚀总量占流域的 29.8%～72.3%，平均侵蚀量为 42.8%，为该流域的主要侵蚀源。其次为坡耕地侵蚀，大于 15°坡耕地面积约占辖区面积的 4.1%，土壤侵蚀量为 17.8～111.8 t/(hm^2·a)，其侵蚀总量占流域侵蚀量的 11.0%。据统计（表 4-4），大于 5°且占总面积 29.7%的坡耕地，年侵蚀量占流域的 15.3%～54.5%，平均为 41.3%，仅次于裸岩侵蚀。坡耕地侵蚀所占比重的年度变化，主要受控于降雨侵蚀力。据 7 年资料分析，坡耕地侵蚀占流域比例 y 与年降雨侵蚀力 x 关系为 $y = 69.02 - 7834/x$（$R^2 = 0.8912^{**}$，$n = 7$），在大雨、暴雨次数较多、侵蚀力较高的年份，坡耕地侵蚀比重上升；反之，则下降。当年降雨侵蚀力超过 301 t·m^2/(hm^2·h)时，坡耕地成为流域的主要侵蚀源。

流域平均径流系数为 0.331，产生径流的主要时间为 7～8 月，5～6 月受水稻栽插的影响，径流最小，时常断流，10 月至第二年 4 月径流也少，主要是地下径流；径流的主要来源地是荒坡和裸地，其次是疏林地和耕地；壤中流是径流的重要组成部分。土壤侵蚀主要发生在 7～8 月，侵蚀源主要是裸地和光坡，但当降雨侵蚀力超过 301 t·m^2/(hm^2·h)时，坡耕地成为流域的主要侵蚀源。

4.3　小流域养分流失的时空变化

针对四川坡耕地区流域养分流失源研究还是空白的问题，通过研究小流域养分流失的时空变化，明确流域养分流失来源和主要流失时期，为防控流域养分流失提供理论支撑。

4.3.1　小流域各形态营养元素浓度的动态变化

通过探索流域径流养分浓度变化与农事管理活动间的联系，明确农事管理活动对流域养分流失的影响，为改良农事活动和流域养分流失防控提供理论支持。

1. 小流域各形态氮素浓度的动态变化

从图 4-3 可以看出，流域径流中的氮以硝态氮为主，5 月中下旬、6 月中旬、8 月初和 9 月下旬硝态氮浓度较高，各时期高浓度的原因是：5 月中旬水稻插秧大量使用肥料和 6 月中旬施用玉米攻苞肥，造成部分氮肥流失使流域径流氮浓度上升；在 7 月底到 8 月初是玉米收获时期，大量玉米秸秆暴露在野外，秸秆中的部分氮降解后流失造成流域 8 月初氮浓度上升；9 月中下旬是水稻收获季节，大量水稻秸秆降解，部分氮流失造成流域 9 月下旬径流氮浓度上升。说明流域径流氮素浓度与农事活动密切相关，流失形态主要是硝态氮。

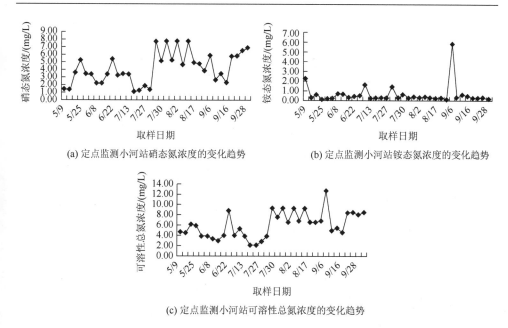

(a) 定点监测小河站硝态氮浓度的变化趋势　　　　　(b) 定点监测小河站铵态氮浓度的变化趋势

(c) 定点监测小河站可溶性总氮浓度的变化趋势

图 4-3　小河站各形态氮素浓度的动态监测情况（2012 年）

2. 小流域各形态磷素浓度的动态变化

从图 4-4 可以看出，小河站中可溶性总磷浓度高于活性磷浓度，且可溶性总磷浓度与活性磷浓度变化趋势一致。但流域径流磷的浓度与农事活动关系不明显。

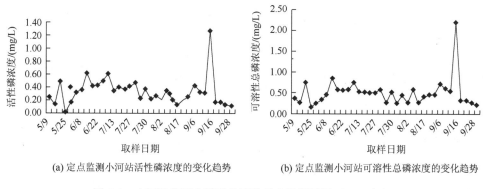

(a) 定点监测小河站活性磷浓度的变化趋势　　　　　(b) 定点监测小河站可溶性总磷浓度的变化趋势

图 4-4　小河站各形态磷素浓度的动态监测情况（2012 年）

3. 小流域全钾浓度的动态变化

从图 4-5 可以看出，全钾含量变化不大，但是 9 月 6 日以后，全钾含量突然上升，可能是由于水稻收获后秸秆中的钾素随着降雨被冲刷到径流中，其他各时期与农事活动关系不明显。

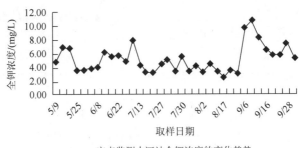

定点监测小河站全钾浓度的变化趋势

图 4-5　小河站钾素浓度的动态监测情况（2012 年）

流域径流氮和钾浓度较高，磷浓度较低。氮浓度受农事活动影响较大，大面积的施肥、收获都会提高流域径流中氮的浓度。流域径流磷的浓度不受农事活动的影响；钾的浓度不受施肥的影响，受农作物收获的影响较大。

4.3.2　小流域各形态营养元素流失量的时间变化

通过探索流域养分流失的时间变化，确定养分流失的主要时期，为养分流失防控重点时期的确定提供依据。

1. 小流域各形态氮素流失量的时间变化

从图 4-6 可以看出，可溶性总氮流失量（26.3 kg/hm^2）＞硝态氮流失量（18.6 kg/hm^2）＞铵态氮流失量（1.9 kg/hm^2）。说明氮素流失的主要形态是硝态氮，氮素流失的主要时期是 7～9 月的雨季。

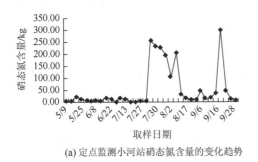

(a) 定点监测小河站硝态氮含量的变化趋势

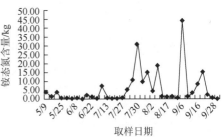

(b) 定点监测小河站铵态氮含量的变化趋势

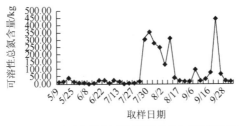

(c) 定点监测小河站可溶性总氮含量的变化趋势

图 4-6　小河站各形态氮素流失量的动态监测情况（2012 年）

2. 小流域各形态磷素流失量的时间变化

从图 4-7 可以看出，可溶性总磷流失量（1.8 kg/hm²）＞活性磷流失量（1.1 kg/hm²），磷素流失的主要时期也在 7～9 月的雨季。

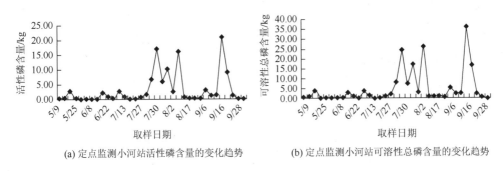

(a) 定点监测小河站活性磷含量的变化趋势　　　　　　　　(b) 定点监测小河站可溶性总磷含量的变化趋势

图 4-7　小河站各形态磷素流失量的动态监测情况（2012 年）

3. 小流域全钾流失量的时间变化

从图 4-8 看出，全钾流失总量为 17.8 kg/hm²，流失的主要时期是 7～9 月。

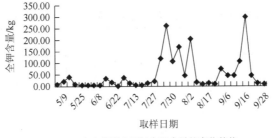

定点监测小河站全钾含量的变化趋势

图 4-8　小河站全钾流失量的动态监测情况（2012 年）

流域可溶性总氮流失量达 26.3 kg/hm^2，可溶性总磷流失量达 1.8 kg/hm^2，全钾流失总量为 17.8 kg/hm^2，主要流失时期都在 7~9 月。

4.3.3 小流域各形态营养元素流失源分析

通过对比分析不同土地利用类型的养分流失量和径流养分浓度，确定流域养分流失的来源，为确定流域养分流失防控重点区域提供依据。

1. 小流域氮素流失源分析

从表 4-8~表 4-10 可看出，稻田大白菜-水稻轮作模式田面水平均可溶性总氮浓度为 20.42 mg/L，小麦-水稻轮作模式田面水可溶性总氮浓度为 15.94 mg/L；玉米坡地径流平均可溶性总氮浓度为 18.55 mg/L，而小河站出口径流的可溶性总氮浓度为 6.09 mg/L。无论是稻田田面水还是坡地径流的可溶性总氮含量都远高于流域出口径流的可溶性总氮，说明耕地氮素流失是流域径流氮素流失的主要来源。从流失量看，该流域（0.96 km^2）年可溶性总氮流失量为 2528.4 kg，平均单位面积氮年损失量为 26.3 kg/hm^2，通过长期监测得到坡耕地径流氮年平均流失量为 33.5 kg/hm^2，远高于流域的单位面积平均流失量，因此，坡耕地是流域氮的主要流失源之一。

表 4-8 水稻田面水各形态氮素平均浓度（2012 年）

大白菜-水稻轮作	可溶性总氮/(mg/L)	NH_4^+-N /(mg/L)	NO_3^--N /(mg/L)	小麦-水稻轮作	可溶性总氮/(mg/L)	NO_3^--N /(mg/L)	NH_4^+-N /(mg/L)
不施肥（N0）	22.47	2.86	2.68	优化施肥（N2）	15.94	2.98	4.51
优化施肥（N2）	18.37	1.66	2.83				
平均	20.42	2.26	2.755				

表 4-9 玉米坡地径流各形态氮素平均浓度（2011 年）

处理	NO_3^--N /(mg/L)	NH_4^+-N /(mg/L)	可溶性总氮/(mg/L)
铵态氮（碳酸氢铵）	9.74	0.40	18.32
酰胺态氮（尿素）	17.05	0.37	21.11
铵态氮＋农膜	8.92	0.55	19.53
酰胺态氮＋农膜	9.24	0.36	13.54
铵态氮＋秸秆覆盖	11.99	0.42	20.25
平均	11.39	0.42	18.55

表 4-10　小河站出口径流各形态氮素平均浓度（2012 年）

形态	NO_3^--N	NH_4^+-N	可溶性总氮
浓度/(mg/L)	4.14	0.65	6.09

2. 小流域磷素流失源分析

从表 4-11～表 4-13 可以看出，在优化施磷量条件下，稻田大白菜-水稻轮作模式田面水平均可溶性总磷浓度为 2.65 mg/L，小麦-水稻轮作模式田面水平均可溶性总磷浓度为 1.24 mg/L；玉米坡耕地径流中平均可溶性总磷浓度为 0.62 mg/L。与小流域出口径流可溶性总磷 0.42 mg/L 相比，稻田田面水可溶性磷高于流域径流的含量，而坡耕地径流的磷含量与流域径流磷含量接近。从流失量看，该流域（0.96 km^2）年可溶性总磷流失量为 170.6 kg，平均单位面积磷年损失量为 1.8 kg/hm^2，通过长期监测得到坡耕地径流磷年平均流失量为 0.94 kg/hm^2，远低于流域的单位面积平均流失量，因此，坡耕地不是流域磷的主要流失源。

表 4-11　水稻田面水各形态磷素平均浓度（2012 年）

大白菜-水稻轮作	可溶性总磷/(mg/L)	活性磷/(mg/L)	小麦-水稻轮作	可溶性总磷/(mg/L)	活性磷/(mg/L)
不施磷（P0）	1.47	0.90	优化施磷（P2）	1.24	0.77
优化施磷（P2）	3.83	2.45			
平均	2.65	1.68			

表 4-12　玉米坡耕地径流各形态磷素平均浓度（2011 年）

处理	活性磷/(mg/L)	可溶性总磷/(mg/L)
铵态氮（碳酸氢铵）	0.45	0.57
酰胺态氮（尿素）	0.55	0.74
铵态氮＋农膜	0.57	0.71
铵态氮＋秸秆覆盖	0.38	0.47
平均	0.49	0.62

表 4-13　小河站径流各形态磷素平均浓度（2012 年）

形态	活性磷	可溶性总磷
浓度/(mg/L)	0.33	0.42

3. 小流域钾素流失源分析

从表 4-14、表 4-15 可以看出，在优化施肥下，玉米坡耕地径流钾素浓度平均为 3.97 mg/L，但采用秸秆覆盖后，径流钾浓度达 7.18 mg/L。小流域出口径流全钾含量为 5.28 mg/L，说明秸秆覆盖会显著加重流域钾素流失。从流失量看，该流域（0.96 km^2）年全钾流失量为 1784.8 kg，平均单位面积钾年损失量为 18.6 kg/hm^2，通过长期监测得到坡耕地径流钾年平均流失量为 7.9 kg/hm^2，远低于流域的单位面积平均流失量，因此，坡耕地不是流域钾的主要流失源。

表 4-14 玉米坡耕地径流总钾平均浓度（2011 年）

处理	总钾/(mg/L)
铵态氮（碳酸氢铵）	2.72
酰胺态氮（尿素）	3.04
铵态氮＋农膜	3.81
酰胺态氮＋农膜	3.09
铵态氮＋秸秆覆盖	7.18
平均	3.97

表 4-15 小河站径流全钾平均浓度（2012 年）

形态	总钾/(mg/L)
浓度/(mg/L)	5.28

坡耕地是流域氮的主要流失源之一，但不是流域磷、钾的主要流失源。

第5章　坡耕地田块水土养分流失途径、通量及影响因素

由于坡耕地是流域主要输沙源和氮素流失源，针对四川省坡耕地饱和渗漏率大、壤中流损失大的特点，本书通过全量测定不同处理的地表径流、壤中流和泥沙量及各途径养分流失量，探明坡耕地田块水土、养分流失载体、流失量及影响因素，为坡耕地水土、养分流失防控技术创制提供依据。

5.1　坡耕地田块养分流失量和途径

针对紫色土渗漏速率快、土层薄等特点，书通过全量测定不同雨强、耕作措施、覆盖、施肥方式等条件下的地表径流、壤中流和泥沙量及各途径养分流失量，探明坡耕地田块养分流失途径和流失量，为田块养分流失防控技术研制提供依据。

5.1.1　雨强对田块养分流失量和途径的影响

降雨是产生养分流失的原动力，雨强是降雨侵蚀力的主要指标，本项研究设计3种雨强（降雨量为 60 mm，小雨强：0.972 mm/min；中雨强：1.741 mm/min；大雨强：2.255 mm/min），通过人工降雨，研究不同雨强对田块养分流失的影响，为田块养分流失防控提供依据。

1. 雨强对氮素流失量和途径的影响

从表 5-1 可以看出，地表径流氮流失量随雨强的增大而增大。雨强对壤中流氮流失量、地表径流氮流失量及径流氮流失总量的影响规律不明显。侵蚀泥沙全氮流失量和有效氮流失量均随雨强的增大而增大，差异达显著水平（$P<0.05$）。在试验条件下（60 mm 降雨），随径流损失的氮平均为 6.7 kg/hm^2，相当于施氮量的 2.2%，且主要通过壤中流损失，占氮素流失总量的 92.4%～100.0%，平均为96.5%，而通过地表径流和泥沙流损失的氮占氮素流失总量的比例较小，分别为1.6%、1.8%。泥沙有效氮流失量占泥沙全氮流失的比例较小，变化为 11.1%～14.8%，平均为13.0%，说明随着雨强的增大地表和泥沙氮素流失量呈增加的趋势，但无论是在大雨还是在中小雨条件下，氮素流失的主要途径均以壤中流为主。

表 5-1　雨强对氮素流失的影响（2008 年）

雨强	径流氮流失量/(kg/hm²)			泥沙氮流失量/(kg/hm²)		氮素流失总量/(kg/hm²)
	地表径流	壤中流	总量	全氮	有效氮	
小雨强	0.00c	7.29a	7.29a	0.00c	0.00b	7.29a
中雨强	0.08b	5.82b	5.9b	0.09b	0.01b	5.99b
大雨强	0.25a	6.28b	6.53b	0.27a	0.04a	6.80a

注：同列不同小写字母表示不同处理在 $P < 0.05$ 水平差异显著，下同。

2. 雨强对磷素流失量和途径的影响

从表 5-2 可以看出，地表径流总磷、壤中流总磷、径流总磷流失量有随雨强增大而增大的趋势。在小雨强条件下，不产生地表径流和土壤侵蚀，磷素仅通过壤中流的途径流失，流失量可忽略不计。在中、大雨强条件下，磷素流失途径均以侵蚀泥沙流失为主，平均占磷素流失总量的 93.5% 和 97.3%，说明雨强越大，通过泥沙流失的磷素占磷素流失总量的比例越大。随侵蚀泥沙流失的有效磷占泥沙全磷流失比例较小，在中、大雨强条件下分别为 0.8% 和 0.5%。在中、大雨强条件下，地表径流总磷流失量占磷素流失总量的比例分别为 1.4% 和 1.1%，随雨强的增加略有减少，壤中流总磷流失量占磷素流失总量的比例，随雨强的增加也减少。说明磷在土壤中不易移动，磷的流失以颗粒态（难溶性形态或紧密吸附于土壤）为主，流失的载体主要是泥沙，因而磷在地表径流及壤中流中的浓度都很低，且差异不大，表明磷在土壤中移动性很小，不易被淋失。

表 5-2　雨强对磷素流失的影响（2008 年）

雨强	径流磷流失量/(kg/hm²)			泥沙磷流失量/(kg/hm²)		磷素流失总量/(kg/hm²)
	地表径流	壤中流	总量	全磷	有效磷	
小雨强	0.000a	0.004a	0.004b	0.00c	0.000b	0.004c
中雨强	0.002a	0.007a	0.009ab	0.13b	0.001a	0.139b
大雨强	0.005a	0.007a	0.012a	0.44a	0.002a	0.452a

3. 雨强对钾素流失量和途径的影响

从表 5-3 可以看出，除壤中流总钾流失量外，地表径流总钾、径流总钾、泥沙全钾、泥沙有效钾、钾流失总量随雨强的增大均有增大的趋势。雨强对钾素流失途径的影响表现为：在小雨强条件下，不产生地表径流和土壤侵蚀，钾素仅通过壤中流的途径流失，流失量较小，仅为 0.40 kg/hm²；在中、大雨强条件下，钾素流失途径均以侵蚀泥沙流失为主，分别占钾素流失总量的 73.0%和92.8%，说明雨强越大，通过泥沙流失的钾素占钾素流失总量的比例越大。在中、大雨强条件下，地表径流总钾流失量占钾素流失总量的比例分别为 7.9%和4.0%，壤中流总钾流失量占钾素流失总量的比例分别为 19.0%和3.2%，均随雨强的增加而减少。侵蚀泥沙中有效钾的流失量占泥沙钾流失量比例较小，变化范围为 0.4%～0.8%。

表 5-3　雨强对钾素流失的影响（2008 年）

雨强	径流钾流失量/(kg/hm²)			泥沙钾流失量/(kg/hm²)		钾素流失总量/ (kg/hm²)
	地表径流	壤中流	总量	全钾	有效钾	
小雨强	0.00c	0.40a	0.40c	0.00c	0.00b	0.40c
中雨强	0.27b	0.65a	0.92b	2.49b	0.02ab	3.41b
大雨强	0.60a	0.49a	1.09a	14.03a	0.05a	15.12a

在降雨量为 60 mm 的情况下，在小雨强时不产生地表径流和土壤侵蚀，土壤养分只随壤中流流失；在中、大雨强时，氮的主要流失载体还是壤中流（占90%以上），而磷、钾的流失载体主要是泥沙（分别占90%和70%以上），并且雨强越大，随泥沙流失的磷、钾越多。

5.1.2　耕作和覆盖方式对田块养分流失量和途径的影响

覆盖技术在生产中应用越来越广泛，但不同覆盖材料、覆盖与耕作技术配合对养分流失影响的研究还是空白，为此，开展此项研究，为控制养分流失的最优覆盖材料和配套耕作技术筛选提供依据。

1. 耕作和覆盖方式对氮素流失量和途径的影响

从表 5-4 中可看出，在自然降雨条件下，玉米季氮的损失量平均达到37.4 kg/hm²。径流是氮素流失的主要途径，占氮素总流失量的56.7%～97.0%，平均为 83.4%。径流中，通过壤中流损失的氮最多，占径流全氮流失量的40.2%～93.8%，平均为 68%，说明农田氮的损失对环境的压力较大。

表 5-4　耕作和覆盖方式对氮素流失的影响（2009 年）

| 处理 | 径流氮流失 | | | | | | 泥沙氮流失 | | 氮素总流失量/(kg/hm²) |
	地表径流/(kg/hm²)	占氮素总流失量比例/%	壤中流/(kg/hm²)	占氮素总流失量比例/%	总量/(kg/hm²)	占氮素总流失量比例/%	全氮/(kg/hm²)	有效氮/(kg/hm²)	
顺垄	12.4ab	23.5	17.5b	33.2	29.9a	56.7	22.8a	1.6a	52.7ab
平作	16.1a	27.6	23.2ab	39.8	39.3a	67.4	19.0a	1.5a	58.3a
横垄	9.2ab	21.5	29.9a	69.9	39.1a	91.4	3.7bc	0.3bc	42.8abc
横分	14.7a	44.4	11.1b	33.5	25.8ab	77.9	7.3bc	0.5bc	33.1bc
顺垄＋秸秆	3.4b	7.4	42.2a	91.7	45.6a	99.1	0.4c	0.0c	46.0abc
平作＋秸秆	3.6b	17.7	16.2b	79.8	19.8a	97.0	0.6c	0.0c	20.4c
横垄＋秸秆	1.7b	6.2	25.5ab	93.4	27.2a	99.6	0.1c	0.0c	27.3bc
顺垄＋农膜	11.9ab	41.0	8.0b	27.6	19.9a	68.6	9.1b	0.6b	29.0bc
横垄＋农膜	8.4ab	30.9	16.9b	62.1	25.3a	93.0	1.9bc	0.1bc	27.2bc

　　秸秆和农膜覆盖能显著改变氮素的损失途径，不覆盖情况下，氮素通过径流的平均损失比例为 73.4%。在顺坡垄作（简称"顺垄"）、平作、横坡垄作（简称"横垄"）的基础上进行秸秆覆盖能减少氮总流失量，减幅分别为 12.8%、65.1%、36.3%，但显著增加了径流损失氮在总损失量中的比例，都超过了 97%，特别是壤中流损失达 80%以上，因此，在秸秆覆盖时，如何防止壤中流损失是坡耕地氮素损失防控的重点。在顺坡垄作和横坡垄作的基础上覆盖农膜也能减少氮流失量，减幅分别为 45.0%、36.5%，在对损失途径的影响上，农膜覆盖后都加大了地表径流损失氮的比例，减少了壤中流损失氮的比例，这可能是因为农膜覆盖后减少了雨水入渗面积，降低了壤中流数量。

　　2. 耕作和覆盖方式对磷素流失量和途径的影响

　　从表 5-5 可以看出，在自然降雨条件下，玉米季平均磷流失达 9.32 kg/hm²，在没有覆盖时，侵蚀泥沙是磷素流失的主要途径，占磷素总流失量的 83.6%～96.0%，平均为 92.1%。在径流中，地表径流是磷素流失的主要途径，占径流全磷流失量的 66.3%～87.3%。在顺坡垄作、平作、横坡垄作的基础上进行秸秆覆盖能极显著减少磷流失量，减幅分别高达 96.0%、95.0%、91.5%，并且损失的途径也发生改变，秸秆覆盖后，壤中流损失所占比例大幅上升，成为主要损失途径之一。在顺坡垄作和横坡垄作的基础上覆盖农膜也能减少磷总流失量，减幅分别为 56.8%、44.3%。在顺坡垄作、平作、横坡垄作的基础上进行秸秆和农膜覆盖能显著减少侵蚀泥沙全磷和有效磷的流失量，且秸秆覆盖优于农膜覆盖，但是各种耕作和覆盖方式对磷素流失途径的影响不大，任何情况下磷素流失的主要途径均是随泥沙流失。

表 5-5　耕作和覆盖方式对磷素流失的影响（2009 年）

| 处理 | 径流磷流失量 | | | | | | 泥沙磷流失量 | | 磷素总流失量/(kg/hm²) |
	地表径流/(kg/hm²)	占磷素总流失量比例/%	壤中流/(kg/hm²)	占磷素总流失量比例/%	总量/(kg/hm²)	占磷素总流失量比例/%	全磷/(kg/hm²)	有效磷/(kg/hm²)	
顺垄	0.96a	3.5	0.14c	0.5	1.10a	4.0	26.22a	0.23a	27.32a
平作	0.97a	4.2	0.14bc	0.6	1.11a	4.8	22.01a	0.21a	23.12a
横垄	0.61b	10.9	0.31ab	5.5	0.92ab	16.4	4.7bcd	0.04bc	5.62bcd
横分	0.56b	5.5	0.09c	0.9	0.65bc	6.4	9.49bc	0.08bc	10.14bc
顺垄 + 秸秆	0.22c	20.0	0.36ab	32.7	0.58bc	52.7	0.52d	0.00c	1.10d
平作 + 秸秆	0.20c	17.1	0.14c	12.0	0.34c	29.1	0.83d	0.01c	1.17d
横垄 + 秸秆	0.05c	10.4	0.31ab	64.6	0.36c	75.0	0.12d	0.00c	0.48d
顺垄 + 农膜	0.77ab	6.5	0.06c	0.5	0.83ab	7.0	10.97b	0.10b	11.80b
横垄 + 农膜	0.61b	19.5	0.18bc	5.8	0.79ab	25.2	2.34cd	0.02bc	3.13c

3. 耕作和覆盖方式对钾素流失量和途径的影响

从表 5-6 可以看出，在自然降雨条件下，玉米季钾素平均流失量为 183.3 kg/hm²。在不覆盖时，侵蚀泥沙是钾素流失的主要途径，占钾素总流失量的 92.5%～98.5%，平均为 96.3%，通过径流损失的钾非常少。在顺坡垄作、平作、横坡垄作的基础上进行秸秆覆盖能极显著减少钾总流失量，减幅分别高达 97.1%、95.8%、94.2%，并且径流损失在总损失量中的比例上升，平均由 3.6% 上升到 38.2%。在顺坡垄作和横坡垄作的基础上覆盖农膜也能减少钾总流失量，减幅分别为 56.1%、45.8%。说明在顺坡垄作、平作、横坡垄作的基础上进行秸秆覆盖和农膜覆盖能显著减少侵蚀泥沙全钾、有效钾的流失量，且秸秆覆盖的控制效果优于农膜覆盖。秸秆覆盖方式下，径流损失成为钾素主要流失途径之一，裸地和农膜覆盖情况下钾素流失的主要途径均是随泥沙流失。

表 5-6　耕作和覆盖方式对钾素流失的影响（2009 年）

| 处理 | 径流钾流失量 | | | | | | 泥沙钾流失量 | | 钾素总流失量/(kg/hm²) |
	地表径流/(kg/hm²)	占钾素总流失量比例/%	壤中流/(kg/hm²)	占钾素总流失量比例/%	总量/(kg/hm²)	占钾素总流失量比例/%	全钾/(kg/hm²)	有效钾/(kg/hm²)	
顺垄	7.5a	1.3	1.0ab	0.2	8.5a	1.5	550a	4.4a	558.5a
平作	6.7a	1.4	1.1ab	0.2	7.8abc	1.7	455.8a	3.7a	463.6a
横垄	5.7ab	5.9	1.5ab	1.6	7.2abc	7.5	88.6bcd	0.7bcd	95.8bcd
横分	7.4a	3.8	0.5b	0.3	7.9ab	4.1	185.9bc	1.4bc	193.8bc
顺垄 + 秸秆	2.8bcd	17.5	3.6a	22.5	6.4abc	40.0	9.6d	0.1d	16.0d
平作 + 秸秆	2.3dc	11.8	0.9ab	4.6	3.2bc	16.9	16.2d	0.1d	19.4d

处理	径流钾流失量						泥沙钾流失量		钾素总流失量/(kg/hm²)
	地表径流/(kg/hm²)	占钾素总流失量比例/%	壤中流/(kg/hm²)	占钾素总流失量比例/%	总量/(kg/hm²)	占钾素总流失量比例/%	全钾/(kg/hm²)	有效钾/(kg/hm²)	
横垄+秸秆	1.9d	33.9	1.3ab	23.2	3.2c	57.1	2.3d	0.0d	5.5d
顺垄+农膜	6.6a	2.7	0.5b	0.2	7.1abc	2.9	238.2b	1.8b	245.3b
横垄+农膜	5.4abc	10.4	0.7b	1.3	6.1abc	11.9	45.8cd	0.4cd	51.9cd

不覆盖时氮的损失量平均达到 46.72 kg/hm²，径流是氮素流失的主要途径，平均占总流失量的 73.4%，径流中，通过壤中流损失的氮最多，平均流失量占总流失量的 44.1%；进行秸秆覆盖后，氮流失大幅减少（平均减少 38.1%），但显著增加了径流损失氮在总损失量中的比例，都超过 97%，特别是壤中流损失达 80%以上；农膜覆盖也能减少氮的流失（平均减幅为 40.7%），但农膜覆盖后都加大了地表径流损失氮的比例，减少了壤中流损失氮的比例，因此，农膜覆盖控制氮损失的效果比秸秆覆盖好。不覆盖时磷的损失量平均达到 16.55 kg/hm²，侵蚀泥沙是磷素流失的主要途径，平均占总流失量的 92.1%；进行秸秆覆盖能极显著减少磷流失量，平均减幅高达 94.2%，并且壤中流损失比例上升到 36.4%，成为主要途径之一；农膜覆盖也能减少磷总流失量，平均减幅为 55.5%，农膜覆盖后，径流流失的比例有所上升。不覆盖时钾的损失量平均达到 327.9 kg/hm²，侵蚀泥沙是钾素流失的主要途径，平均占总流失量的 96.3%；进行秸秆覆盖能极显著减少钾流失量，平均减幅高达 95.7%，并且径流损失在总损失量中的比例上升，平均由 3.6%上升到 38.2%；农膜覆盖也能减少钾总流失量，减幅为 50.0%，但农膜覆盖对流失途径影响不大。

5.1.3　平衡施肥对田块养分流失量和途径的影响

针对农户施肥时重氮、磷肥，轻钾肥的习惯，研究平衡施肥对坡耕地养分流失的影响，为水土保持、平衡施肥提供依据。

1. 平衡施肥对氮素流失量和途径的影响

从表 5-7 可以看出，氮素流失量为平衡施肥（平均 6.7 kg/hm²）＜农户习惯施肥（平均 8.1 kg/hm²）＜高氮施肥（平均 8.6 kg/hm²），平衡施肥与农户习惯施肥比较，减少 17.3%的氮损失，而高氮施肥则增加 6.2%的氮损失。径流损失的氮平均为 7.6 kg/hm²，相当于低施氮量的 2.5%；且主要通过壤中流损失，占氮素总流失量的 88.3%～100.0%，平均为 95.0%，而通过地表径流和泥沙流失的氮占氮素总流失量的比例较小，分别平均为 2.4%、2.6%。泥沙有效氮流失量占泥沙全氮流失的比例较小，变化范围为 5.6%～14.8%，平均为 9.2%（林超文等，2009）。从流失途径看，平衡施肥对氮素流失途径影响不大。

表 5-7　平衡施肥对氮素流失的影响（2007 年）

处理		径流氮流失量						泥沙氮流失量		氮素总流失量/(kg/hm²)
		地表径流/(kg/hm²)	占氮素总流失量比例/%	壤中流/(kg/hm²)	占氮素总流失量比例/%	总量/(kg/hm²)	占氮素总流失量比例/%	全氮/(kg/hm²)	有效氮/(kg/hm²)	
小雨强	N1K0	0.00d	0.0	7.54bcd	100.0	7.54b	100.0	0.00e	0.00d	7.54cd
	N1K1	0.00d	0.0	7.29cd	100.0	7.29bc	100.0	0.00e	0.00d	7.29cd
	N2K1	0.00d	0.0	8.07abc	100.0	8.07ab	100.0	0.00e	0.00d	8.07bc
中雨强	N1K0	0.52ab	6.5	7.06de	88.3	7.58b	94.8	0.43b	0.03ab	8.01bc
	N1K1	0.08d	1.3	5.82f	97.2	5.9d	98.5	0.09d	0.01d	5.99e
	N2K1	0.11d	1.3	8.57a	97.5	8.68a	98.7	0.11d	0.01dc	8.79ab
大雨强	N1K0	0.40b	4.6	7.68bcd	89.1	8.08ab	93.7	0.54a	0.03ab	8.62ab
	N1K1	0.25c	3.7	6.28ef	92.2	6.53cd	95.9	0.27c	0.04a	6.80de
	N2K1	0.61ab	6.8	8.16ab	90.4	8.77a	97.1	0.26c	0.02bc	9.03ab

注：N1K0 为农户习惯施肥，即施用优化氮和磷，不施钾；N1K1 为平衡施肥，即施用优化氮、磷和钾；N2K1 为高氮施肥，即施用 2 倍优化氮，磷钾施用量与平衡施肥处理相同。降雨量为 60 mm，雨强大小同前。

2. 平衡施肥对磷素流失量和途径的影响

从表 5-8 可以看出，在小雨强条件下，无地表径流和土壤侵蚀，施肥对磷素流失量的影响不大。在中雨强和大雨强条件下，地表径流总磷、径流总磷、泥沙有效磷流失量均表现为农户习惯施肥（CK，平均流失量 0.49 kg/hm²）＞高氮施肥（N2K1，平均流失量 0.18 kg/hm²）＞平衡施肥（N1K1，平均流失量 0.20 kg/hm²），且磷素流失途径均以侵蚀泥沙流失为主，平均分别占磷素流失总量的 94.04%、96.48%，受平衡施肥与否影响不大。因此，平衡施肥能有效减少磷素的流失，但是对磷素流失途径影响不大（表 5-9）。

表 5-8　平衡施肥对磷素流失量的影响（2007 年）

处理		径流磷流失量/(kg/hm²)			泥沙磷流失量/(kg/hm²)		磷素总流失量/(kg/hm²)
		地表径流	壤中流	总量	全磷	有效磷	
小雨强	CK	0.000a	0.005a	0.005c	0.00d	0.000d	0.005d
	N1K1	0.000a	0.004a	0.004c	0.00d	0.000d	0.004d
	N2K1	0.000a	0.010a	0.010bc	0.00d	0.000d	0.010d
中雨强	CK	0.013a	0.010a	0.023a	0.68a	0.005ab	0.703a
	N1K1	0.002a	0.007a	0.009bc	0.13cd	0.001cd	0.139cd
	N2K1	0.004a	0.011a	0.015abc	0.17c	0.001cd	0.185c

处理		径流磷流失量/(kg/hm²)			泥沙磷流失量/(kg/hm²)		磷素总流失量/(kg/hm²)
		地表径流	壤中流	总量	全磷	有效磷	
大雨强	CK	0.013a	0.005a	0.018ab	0.73a	0.006a	0.748a
	N1K1	0.005a	0.007a	0.012abc	0.44b	0.002cd	0.452b
	N2K1	0.012a	0.004a	0.016abc	0.34b	0.003bc	0.356b

表 5-9　平衡施肥对磷素流失途径的影响（2007 年）

处理		径流磷流失量占总流失量比例/%			泥沙磷流失量占总流失量比例/%	
		地表径流	壤中流	总量	全磷	有效磷
小雨强	CK	0.0	100.0	100.0	0.0	0.0
	N1K1	0.0	100.0	100.0	0.0	0.0
	N2K1	0.0	100.0	100.0	0.0	0.0
中雨强	CK	1.85	1.42	3.27	96.73	0.71
	N1K1	1.44	5.04	6.47	93.53	0.72
	N2K1	2.16	5.95	8.11	91.89	0.54
大雨强	CK	1.74	0.67	2.41	97.59	0.80
	N1K1	1.11	1.55	2.65	97.35	0.44
	N2K1	3.37	1.12	4.49	95.51	0.84

3. 平衡施肥对钾素流失量和途径的影响

从表 5-10 可以看出，在小雨强条件下，无地表径流和土壤侵蚀，钾素仅通过壤中流流失，流失量较小，仅为 0.40~0.78 kg/hm²；在中雨强条件下，地表径流总钾、壤中流总钾、径流总钾、泥沙全钾、泥沙有效钾、钾流失总量均表现为农户习惯施肥＞高氮施肥＞平衡施肥。大雨强条件下，3 种施肥处理：地表径流总钾、壤中流总钾、径流总钾流失量的差异不大，而泥沙全钾流失量和钾流失总量表现为农户习惯施肥＞平衡施肥＞高氮施肥，在中、大雨强条件下，钾素流失途径均以侵蚀泥沙流失为主，平均分别占钾素流失总量的 79.2%、90.8%，这是因为平衡施肥能够增加植被覆盖度（平衡施肥玉米全生育期覆盖度比农户施肥提高 5.4%），减少径流和土壤侵蚀，减少钾素的流失，但是对钾素流失途径的影响不大。

表 5-10　平衡施肥对钾素流失的影响（2007 年）

处理		径流钾流失量/(kg/hm²)			泥沙钾流失/(kg/hm²)		钾素总流失量/(kg/hm²)
		地表径流	壤中流	总量	全钾	有效钾	
小雨强	CK	0.00e	0.78a	0.78d	0.00e	0.00e	0.78e
	N1K1	0.00e	0.40c	0.40e	0.00e	0.00e	0.40e
	N2K1	0.00e	0.72a	0.72d	0.00e	0.00e	0.72e
中雨强	CK	0.79ab	0.82b	1.61a	12.56b	0.09bc	14.17b
	N1K1	0.27d	0.65d	0.92cd	2.49d	0.02de	3.41d
	N2K1	0.33d	0.79d	1.12bc	3.51d	0.03cde	4.63d
大雨强	CK	0.86a	0.43a	1.29b	15.40a	0.12a	16.69a
	N1K1	0.60c	0.49ab	1.09bc	14.03ab	0.05bcd	15.12ab
	N2K1	0.67bc	0.40c	1.07c	7.29c	0.07b	8.36c

平衡施肥相比农户习惯施肥减少氮流失，高氮施肥增加氮流失，平衡施肥对氮素流失途径影响不大。高氮施肥和平衡施肥都能减少磷和钾的流失，但对流失途径影响不大。

5.1.4　施肥方式对坡耕地水肥流失量和途径的影响

随着农业生产方式的转变，一次性施肥、干施肥等施肥方式在生产中越来越普遍，开展施肥方式对坡耕地水肥流失量和途径的影响研究，可为防控养分流失的科学施肥方法推荐提供依据。

1. 施肥方式对径流养分流失量和途径的影响

从表 5-11 可以看出，一次性施肥在各种雨强条件下的氮平均径流损失量为 5.68 kg/hm²，干窝分次施用为 3.91 kg/hm²，兑水分次施用为 2.86 kg/hm²，说明施肥方式对氮的径流损失量影响很大，一次性施肥显著增加了氮随径流的损失量。一次性施肥氮通过壤中流的平均损失比例为 72.1%，干窝分次施用为 57.1%，兑水分次施用为 59.8%，说明一次性施肥主要加大了壤中流氮的损失量，从而增加了氮的总损失量（林超文等，2011a）。

表 5-11　施肥方式对径流养分流失的影响（2008 年）

处理		地表径流流失量/(kg/hm²)			壤中流流失量（UN）/(kg/hm²)			径流总流失量（TN）/(kg/hm²)			(UN/TN)/%		
		N	P	K	N	P	K	N	P	K	N	P	K
小雨强	一次	0.63d	0.005c	0.70b	6.56a	0.004a	0.21ab	7.19a	0.009ab	0.91ab	91.2	44.4	23.1
	干窝	1.17c	0.007bc	1.10a	2.51c	0.001b	0.19b	3.68bc	0.008bc	1.29a	68.2	12.5	14.7
	水窝	0.53d	0.004c	0.52c	1.79d	0.002ab	0.13bc	2.32cd	0.006c	0.65b	77.2	33.3	20.0

处理		地表径流流失量 /(kg/hm²)			壤中流流失量（UN）/(kg/hm²)			径流总流失量（TN）/(kg/hm²)			（UN/TN）/%		
		N	P	K	N	P	K	N	P	K	N	P	K
中雨强	一次	1.19c	0.018a	0.78b	2.68bc	0.002ab	0.16b	3.87bc	0.020a	0.94ab	69.3	10.0	17.0
	干窝	1.53bc	0.007bc	0.88ab	2.74bc	0.004a	0.28a	4.27b	0.011ab	1.16a	64.2	36.4	24.1
	水窝	1.15c	0.006bc	0.68bc	2.04cd	0.004a	0.25a	3.19c	0.010ab	0.93ab	63.9	40.0	26.9
大雨强	一次	2.65a	0.010b	0.95ab	3.34b	0.001b	0.13b	5.99ab	0.011ab	1.08ab	55.8	9.1	12.0
	干窝	2.30ab	0.010b	1.09a	1.46d	0.001b	0.16b	3.76bc	0.011ab	1.25a	38.8	9.1	12.8
	水窝	1.89b	0.012ab	1.01ab	1.17de	0.001b	0.11c	3.06ab	0.013ab	1.12a	38.2	7.7	9.8
平均	一次	1.49	0.011	0.81	4.19	0.002	0.17	5.68	0.013	0.98	72.1	21.2	17.4
	干窝	1.67	0.008	1.02	2.24	0.002	0.21	3.90	0.010	1.23	57.1	19.3	17.2
	水窝	1.19	0.007	0.74	1.67	0.002	0.16	2.86	0.010	0.90	59.8	27.0	18.9

注：干窝：化肥分次直接窝施；水窝：化肥分次兑水后窝施；一次：化肥一次性作底肥直接施用。降雨量为 60 mm，雨强同前。

磷随径流的损失量非常微小，并且主要通过地表径流损失，因此，雨强越大，损失量越大。施肥方式对磷的径流损失量影响很小。

钾主要通过地表径流损失，其损失量有随雨强增大而增大的趋势。干窝分次施用加大钾的地表径流损失量，从而加大钾的总流失量（一次施用平均为 0.98 kg/hm²，干窝平均为 1.23 kg/hm²，水窝平均为 0.90 kg/hm²）。

2. 施肥方式对有效养分流失量和流失途径的影响

从表 5-12 可以看出，土壤有效氮主要通过径流损失，在所有施肥方式和雨强下，有效氮 97% 以上都是通过径流损失，受施肥方式影响小，其受施肥方式的影响规律和径流养分损失量一致。土壤有效磷在中、小雨强时主要通过径流损失，受施肥方式的影响小。土壤有效钾也主要通过径流损失，雨强越大，流失量越大，干窝施用加大土壤有效钾的流失。

表 5-12　施肥方式对有效养分流失的影响（2008 年）

处理		径流养分总流失量（RN）/(kg/hm²)			泥沙有效养分流失量 /(kg/hm²)			总有效养分流失量（TN）/(kg/hm²)			（RN/TN）/%		
		N	P	K	N	P	K	N	P	K	N	P	K
小雨强	一次	7.19a	0.009ab	0.91ab	0.01bc	0.002cd	0.04cd	7.20a	0.011c	0.95	99.9	81.8	95.8
	干窝	3.68bc	0.008bc	1.29a	0.02bc	0.003bc	0.05cd	3.70bc	0.011c	1.34ab	99.5	72.7	96.3
	水窝	2.32cd	0.005c	0.65b	0.01bc	0.001cd	0.02cd	2.33cd	0.006cd	0.67bc	99.6	83.3	97.0

续表

处理		径流养分总流失量(RN)/(kg/hm²)			泥沙有效养分流失量/(kg/hm²)			总有效养分流失量（TN）/(kg/hm²)			(RN/TN)/%		
		N	P	K	N	P	K	N	P	K	N	P	K
中雨强	一次	3.87bc	0.019a	0.93ab	0.04b	0.008b	0.13c	3.91bc	0.027ab	1.06b	99.0	70.4	87.7
	干窝	4.27b	0.011ab	1.16a	0.08ab	0.010b	0.18bc	4.35b	0.021bc	1.34ab	98.2	52.4	86.6
	水窝	3.19c	0.010ab	0.94ab	0.03b	0.005bc	0.11c	3.22bcd	0.015bc	1.05b	99.1	66.7	89.5
大雨强	一次	5.99ab	0.011ab	1.08ab	0.16a	0.026a	0.41a	6.15ab	0.037a	1.49a	97.4	29.7	72.5
	干窝	3.75bc	0.011ab	1.25a	0.12a	0.019ab	0.33ab	3.87bc	0.030ab	1.58a	96.9	36.7	79.1
	水窝	3.06c	0.013ab	1.12a	0.11a	0.022a	0.33ab	3.17cd	0.035a	1.45a	96.5	37.1	77.2

3. 施肥方式对总养分流失量和流失途径的影响

从表 5-13 可以看出，施肥方式对全氮的流失量影响较大，一次、干窝、水窝施肥方式 3 种雨强平均流失量分别为 6.63 kg/hm²、4.94 kg/hm²、3.66 kg/hm²，一次性施肥显著加大了氮的损失，而兑水分次施用减少氮的损失。在损失途径方面，施肥方式影响不大，一次、干窝、水窝三种施肥方式通过径流损失的氮占氮总流失量的比重平均为 86.1%、80.4%和 81.6%。

表 5-13　施肥方式对总养分流失的影响（2008 年）

处理		径流养分总流失量(RN)/(kg/hm²)			泥沙养分总流失量/(kg/hm²)			总养分流失量（TN）/(kg/hm²)			(RN/TN)/%		
		N	P	K	N	P	K	N	P	K	N	P	K
小雨强	一次	7.19a	0.009ab	0.91ab	0.19c	0.254c	5.79c	7.38a	0.263c	6.70c	97.4	3.4	13.6
	干窝	3.68bc	0.008bc	1.29a	0.24bc	0.312c	7.10c	3.92bc	0.320c	8.39c	93.9	2.5	15.4
	水窝	2.32cd	0.005c	0.65b	0.10cd	0.134c	3.05cd	2.42cd	0.139c	3.70cd	95.9	3.6	17.6
中雨强	一次	3.87bc	0.019a	0.93ab	0.63b	0.872bc	18.17b	4.50bc	0.891bc	19.10b	86.0	2.1	4.9
	干窝	4.27b	0.011ab	1.16a	1.03ab	1.413b	28.75ab	5.30b	1.424b	29.91ab	80.6	0.8	3.9
	水窝	3.19c	0.010ab	0.94ab	0.52b	0.733bc	16.25b	3.71c	0.743bc	17.19b	86.0	1.3	5.5
大雨强	一次	5.99ab	0.011ab	1.08ab	2.02a	2.499a	59.73a	8.01a	2.510a	60.81a	74.8	0.4	1.8
	干窝	3.75bc	0.011ab	1.25a	1.86a	2.354a	54.97a	5.61bc	2.365a	56.22a	66.8	0.5	2.2
	水窝	3.06c	0.013ab	1.12a	1.79a	2.116a	59.16a	4.85c	2.129a	60.28a	63.1	0.6	1.9
平均	一次	5.68	0.01	0.97	0.95	1.21	27.9	6.63	1.22	28.9	86.1	2.0	6.8
	干窝	3.90	0.01	1.23	1.04	1.36	30.3	4.94	1.37	31.5	80.4	1.3	7.2
	水窝	2.86	0.01	0.90	0.80	0.99	26.2	3.66	1.00	27.1	81.7	1.8	8.3

磷主要通过泥沙损失，施肥方式对磷的流失量影响较小，一次、干窝、水窝施肥方式的平均流失量分别为 1.21 kg/hm²、1.36 kg/hm²、0.99 kg/hm²。在流失途径方面，施肥方式影响不大，一次、干窝、水窝三种施肥方式通过径流流失的磷占磷总流失量的比重分别为 2.0%、1.3%和 1.8%。

钾的流失途径主要是泥沙，施肥方式对钾总流失量影响不大。一次、干窝、水窝施肥方式的平均流失量分别为 27.9 kg/hm²、30.3 kg/hm²、26.2 kg/hm²。在流失途径方面，施肥方式影响不大，一次、干窝、水窝三种施肥方式通过径流流失的钾占钾总流失量的比重分别为 6.8%、7.2%和 8.3%。

与分次干施相比，一次性施肥显著加大了氮的流失，并且主要加大了壤中流氮的流失，分次兑水施用减少了氮流失。施肥方式对磷和钾的流失量和途径影响都不显著。

5.2　坡耕地雨水蓄积量及影响因子

针对前人只注重地表径流和土壤侵蚀研究，忽略壤中流研究，而在研究土壤水分时常采用单点或多点测定水分含量推算坡面水分量的方法的局限，采用全量测定壤中流、地表径流的方法，研究不同因素对雨水蓄积量的影响，为研制坡耕地节水技术提供理论依据。

5.2.1　雨强及耕作方式对地表径流、壤中流总深的影响

图 5-1 表明，雨强越大，产生的总径流深越大。雨强从小到大，径流系数从 0.15 增加到 0.5 以上，并以增加地表径流为主。在相同降雨量情况下，雨强小则降雨时间长，有利于雨水在土壤中下渗和保蓄，减少地表径流；而在大雨强情况下的结果

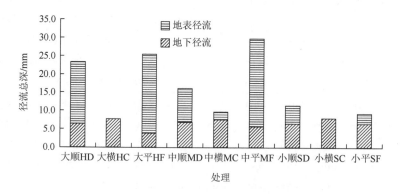

图 5-1　雨强及耕作方式对径流总深的影响

正好相反。因此，地表径流占总径流的比重随雨强增大而增加；壤中流占总径流深的比重则刚好相反；由于土壤对雨水具有较好的保持能力，本试验中的最大壤中流量仅占地表径流深的 1/3。在中雨强和大雨强条件下，平作的坡面糙度最低，地表径流深和总径流深都最大。横坡垄作在中雨强条件下提高雨水蓄积量的效果非常明显，但在小雨强和大雨强条件下，提高雨水蓄积量的效果减弱（林超文等，2008a，b）。

5.2.2　雨强及耕作方式对雨水蓄积量的影响

从图 5-2 可以看出，雨强越大，降雨的土壤蓄积量越小，降雨的有效性降低。在大雨强条件下，雨水的平均土壤蓄积系数为 0.52，中雨强条件下雨水的平均土壤蓄积系数为 0.61，而小雨强条件下雨水的平均土壤蓄积系数高达 0.83。

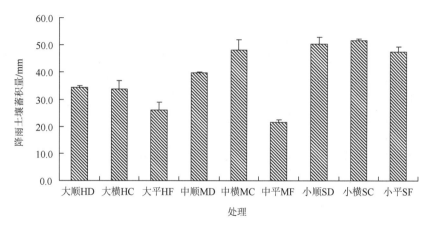

图 5-2　雨强及耕作方式对降雨有效性的影响

不同的耕作措施在不同的雨强条件下对雨水的土壤蓄积量都有一定影响，但在不同雨强条件下的影响程度不同。横坡垄作增加了坡面糙度，延缓了地表径流产流时间，在不同雨强条件下都能提高雨水的土壤蓄积量，提高降雨有效性，但在中雨强情况下效果最明显，横坡垄作的雨水土壤蓄积量分别比平作和顺坡垄作提高了 1.24 倍和 21%。在大雨强和小雨强条件下，横坡垄作增加雨水土壤蓄积量的效果减弱。平作的坡面糙度最低，地表径流产流最快，在不同雨强条件下都减少雨水土壤蓄积量，降低降雨有效性。

5.2.3　不同雨强条件下平衡施肥对径流深和雨水土壤蓄积率的影响

从表 5-14 可以看出，雨强是影响地表径流深、径流总量和雨水蓄积量的最主要因素。在小雨强条件下，无地表径流发生；随着雨强的增大，地表径流深、径流总量都急剧增加，雨水蓄积量减少。在大雨强条件下，平均地表径流深是中雨强条件下的 2.04 倍，平均径流总量是中雨强的 1.09 倍。雨强对壤中流的影响与对地表径流的影响规律有所不同。在中雨强条件下，平均壤中流深最大，为 14.56 mm；在小雨强条件平均壤中流深次之，为 11.91 mm；在大雨强条件下最小，平均为 8.23 mm。

表 5-14 平衡施肥对径流的影响（2007 年）

处理		地表径流深/mm	壤中流深/mm	径流总深/mm	雨水土壤蓄积率
小雨强	N1K0	0.00f	15.00a	15.00d	0.75
	N1K1	0.00f	10.04c	10.04e	0.83
	N2K1	0.00f	10.69bc	10.69e	0.82
中雨强	N1K0	15.48b	15.21a	30.69a	0.49
	N1K1	2.89e	13.59ab	16.48d	0.73
	N2K1	5.99d	14.87a	20.86c	0.65
大雨强	N1K0	19.8a	7.76cd	27.56b	0.54
	N1K1	19.25a	6.34d	25.59b	0.57
	N2K1	10.66c	10.58bc	21.24c	0.65

增施钾肥，可以有效地减少地表径流、壤中流和径流总量，提高雨水的土壤蓄积量。这可能是增施钾肥提高了玉米冠层覆盖度，避免了雨滴对地表土壤的直接打击，减少了土壤结皮的产生，增大了雨水的入渗量和蓄积量，从而减少了径流总量。

5.2.4 土层厚度对地表径流和壤中流的影响

从表 5-15 可以看出，土层越厚径流越少，特别是壤中流，每增厚 10 cm 土层，减少损失为 14 mm。另外，壤中流在径流总量中所占比例很大，除 120 cm 厚土层外，其余都超过了一半。

表 5-15 地表径流和壤中流深 （单位：mm）

土层厚度	1998 年			1997 年			1996 年			平均		
	地表径流	壤中流	总量	地表径流	壤中流	总量	地表径流	壤中流	总量	地表径流	壤中流	总量
120	178.3	131.2	309.5	172.2	54.7	226.9	99.1	19.4	118.5	149.9	68.4	218.3
100	183.1	215.3	398.4	153.9	148.2	302.1	72.7	47.8	120.5	136.6	137.1	273.7
80	194.8	237.8	432.6	168.7	206.5	375.2	89.1	55.6	144.7	150.9	166.6	317.5

续表

土层厚度	1998 年			1997 年			1996 年			平均		
	地表径流	壤中流	总量	地表径流	壤中流	总量	地表径流	壤中流	总量	地表径流	壤中流	总量
60	225.3	301.7	527.0	202.4	237.5	439.9	116.3	66.3	182.6	181.3	201.8	383.1
40	227.2	353.8	581.0	200.1	260.8	460.9	96.1	63.2	159.3	174.5	225.9	400.4
20	243.0	330.8	573.8	220.0	242.1	462.1	102.0	85.6	187.6	188.3	219.5	407.8

5.2.5　覆盖方式对雨水蓄积量的影响

不覆盖条件下，平均雨水蓄积率为 45.6%，横坡分带间耕处理的蓄积量最大（雨水蓄积率达 55.9%）；在秸秆覆盖条件下，平均雨水蓄积率为 70.7%，比不覆盖提高雨水蓄积量 55.0%（绝对蓄积率提高 25.1 个百分点），平作秸秆覆盖的蓄积量最大（雨水蓄积率达 78.2%）；农膜覆盖后平均雨水蓄积率为 55.5%，比不覆盖提高雨水蓄积量 21.7%（绝对蓄积率提高 9.9 个百分点），农膜覆盖也能增加一定量的雨水蓄积（表 5-16）。

表 5-16　覆盖方式对径流深及雨水蓄积量的影响（2009 年）

处理	地表径流深 (SR)/mm	壤中流深 (UR)/mm	径流总深 (TR)/mm	SR/TR/%	雨水蓄积量/mm	雨水蓄积率/%
顺垄	247.0ab	54.1bc	301.1a	82.0a	235.9	43.13
平作	263.7a	62.9bc	326.6a	80.7a	210.3	38.45
横垄	195.4bc	96.4ab	291.8ab	67.0ab	245.1	44.82
横分	197.4bc	33.8c	231.2ab	85.4a	305.7	55.90
顺垄 + 秸秆	64.5d	138.7a	203.2ab	31.7dc	333.7	61.02
平作 + 秸秆	56.4d	52.7bc	109.1b	51.7bc	427.8	78.22
横垄 + 秸秆	26.9d	111.3ab	138.2b	19.5d	398.7	72.90
顺垄 + 农膜	205.4bc	33.4c	238.8ab	86.0a	298.1	54.51
横垄 + 农膜	156.7c	71.7bc	228.4ab	68.6ab	308.5	56.41

注：观测期间降雨总量为 546.9 mm。

雨强越大，土壤对雨水的蓄积量越小，平作最不利于雨水蓄积，横坡垄作有利于雨水蓄积；平衡施肥（增施钾肥）有利于雨水蓄积；增厚土层有利于雨水蓄积，每增厚 10 cm 土层，增加雨水蓄积量 14 mm；秸秆覆盖显著增加雨水蓄积（绝对蓄积率提高 14.8%），农膜覆盖也能增加雨水蓄积（绝对蓄积率提高 9.9%），蓄积量最大的模式是平作秸秆覆盖。

第6章 坡耕地水土、养分流失防治技术研究与应用

四川省耕地集中分布于东部盆地和低山丘陵区，以坡耕地为主，占全省耕地的 85%以上，坡耕地质量总体较差，是省中低产田集中分布区域，粮食产量水平只有高产区域的 60%。坡耕地水土流失严重，土层薄、土壤有机质含量和养分含量等肥力指标都较低。为了满足全省对农产品越来越高的需求，不得不高强度利用耕地（复种指数达 238%）和加大单位面积化肥投入，造成耕地利用强度高，重用轻养，使得耕地质量进一步退化、土壤污染和农业面源污染日益加剧，而且严重威胁三峡库区的水环境安全，影响长江流域水资源安全。

因此，针对四川省人多地少、复种指数高、坡耕地比例大、水土流失严重和耕地质量日益下降等问题，通过开展坡耕地水土、养分流失及轻便治理技术研究，集成四川省坡耕地水肥流失防控技术模式 4 套，有效控制面源污染、提升耕地质量、提高化肥利用率、保护环境、降低劳动强度，为促进四川农业可持续发展提供技术支持。

6.1 平作秸秆覆盖技术研究与应用

平作秸秆覆盖是指在不进行坡面起垄等改变坡面微地形的条件下实施秸秆覆盖。

6.1.1 平作秸秆覆盖技术对径流深的影响

从表 6-1 中可看出，各种覆盖处理的径流总深的顺序为：顺坡垄作＋农膜覆盖（166.4 mm）＞横坡垄作＋农膜覆盖（154.9 mm）＞顺坡垄作＋秸秆覆盖（137.3 mm）＞横坡垄作＋秸秆覆盖（98.7 mm）＞平作＋秸秆覆盖（68.3 mm），平作秸秆覆盖不仅能很好控制地表径流，还能较好控制壤中流，因此其径流总量最少，有利于控制水分流失。

表 6-1 覆盖方式对径流深的影响（2009 年）

处理	地表径流深/mm	壤中流深/mm	径流总深/mm	地表径流深/径流总深/%
顺垄＋秸秆	35.3b	102.0a	137.3ab	25.7d
平作＋秸秆	32.4b	35.9bc	68.3c	47.4c
横垄＋秸秆	18.3b	80.4ab	98.7b	18.5d

处理	地表径流深/mm	壤中流深/mm	径流总深/mm	地表径流深/径流总深/%
顺垄 + 农膜	143.3a	23.1c	166.4a	86.1a
横垄 + 农膜	104.6a	50.3bc	154.9a	67.5ab

6.1.2　平作秸秆覆盖技术对土壤侵蚀量和雨水土壤蓄积量的影响

从表 6-2 中可看出，土壤侵蚀量大小表现为：顺坡垄作 + 农膜覆盖（10.8 t/hm^2）＞横坡垄作 + 农膜覆盖（2.2 t/hm^2）＞平作 + 秸秆覆盖（0.8 t/hm^2）＞顺坡垄作 + 秸秆覆盖（0.5 t/hm^2）＞横坡垄作 + 秸秆覆盖（0.1 t/hm^2），说明平作秸秆覆盖能够控制土壤侵蚀到很小的范围，土壤保护的效果好。

表 6-2　不同覆盖和耕种方式对土壤侵蚀量和雨水土壤蓄积量的影响（2009 年）

处理	土壤侵蚀量/(t/hm^2)	雨水土壤蓄积量/mm	雨水土壤蓄积率
顺垄 + 秸秆	0.5c	309.5bc	0.61
平作 + 秸秆	0.8c	378.5a	0.71
横垄 + 秸秆	0.1c	348.2ab	0.67
顺垄 + 农膜	10.8a	280.5cde	0.57
横垄 + 农膜	2.2b	292bcd	0.59

雨水土壤蓄积量的顺序为：平作 + 秸秆覆盖（378.5 mm）＞横坡垄作 + 秸秆覆盖（348.2 mm）＞顺坡垄作 + 秸秆覆盖（309.5 mm）＞横坡垄作 + 农膜覆盖（292 mm）＞顺坡垄作 + 农膜覆盖（280.5 mm），雨水土壤蓄积率属平作秸秆覆盖最高，说明平作条件下秸秆覆盖能够显著地提高土壤的蓄积量，有利于提高降雨的有效性，提高土壤的保水保肥功能，是适宜于该区的农业持续生产耕作技术。

6.1.3　平作秸秆覆盖技术对养分流失量的影响

1. 平作秸秆覆盖技术对氮素流失的影响

从表 6-3 中可看出，不同处理氮的流失总量分别是：顺坡垄作 + 秸秆覆盖（46 kg/hm^2）＞顺坡垄作 + 农膜覆盖（29 kg/hm^2）＞横坡垄作 + 秸秆覆盖（27.3 kg/hm^2）＞横坡垄作 + 农膜覆盖（27.2 kg/hm^2）＞平作 + 秸秆覆盖（20.4 kg/hm^2），平作秸秆覆盖技术能显著减少氮的损失，是最好的保土保肥蓄水的持续农业耕作技术。这主要是因为氮的主要损失途径是壤中流，而平作覆盖技术很好地控制了坡耕地的壤中流，显著减少了氮损失。

表 6-3　覆盖方式对氮素流失量及流失途径的影响（2009 年）

处理	径流氮流失量						泥沙氮流失量			氮素总流失量/(kg/hm²)
	地表径流/(kg/hm²)	占氮素总流失量比例/%	壤中流/(kg/hm²)	占氮素总流失量比例/%	总量/(kg/hm²)	占氮素总流失量比例/%	全氮/(kg/hm²)	占氮素总流失量比例/%	有效氮/(kg/hm²)	
顺垄+秸秆	3.4b	7.4	42.2a	91.7	45.6a	99.1	0.4	0.9	0	46.0abc
平作+秸秆	3.6b	17.7	16.2b	79.8	19.8a	97.0	0.6	2.9	0	20.4c
横垄+秸秆	1.7b	6.2	25.5ab	93.4	27.2a	99.6	0.1	0.4	0	27.3bc
顺垄+农膜	11.9ab	41.0	8.0b	27.6	19.9a	68.6	9.1	31.4	0.6	29.0bc
横垄+农膜	8.4ab	30.9	16.9b	62.1	25.3a	93.0	1.9	7.0	0.1	27.2bc

2. 平作秸秆覆盖技术对磷素流失的影响

从表 6-4 中可看出，磷素流失总量的顺序是：横坡垄作+秸秆覆盖（0.48 kg/hm²）＜顺坡垄作+秸秆覆盖（1.10 kg/hm²）＜平作+秸秆覆盖（1.17 kg/hm²）＜横坡垄作+农膜覆盖（3.13 kg/hm²）＜顺坡垄作+农膜覆盖（11.80 kg/hm²）。平作秸秆覆盖控制磷素流失比横坡垄作秸秆覆盖效果差，与顺坡垄作秸秆覆盖很接近，但远比农膜覆盖的所有处理好，能够将磷素流失控制在较低范围内。

表 6-4　覆盖方式对磷素流失量及流失途径的影响（2009 年）（单位：kg/hm²）

处理	径流磷流失量			泥沙磷流失量		磷素总流失量
	地表径流	壤中流	总量	全磷	有效磷	
顺垄+秸秆	0.22c	0.36ab	0.58bc	0.52	0.00	1.10
平作+秸秆	0.20c	0.14c	0.34c	0.83	0.01	1.17
横垄+秸秆	0.05c	0.31ab	0.36c	0.12	0.00	0.48
顺垄+农膜	0.77ab	0.06c	0.83ab	10.97	0.10	11.80
横垄+农膜	0.61b	0.18bc	0.79ab	2.34	0.02	3.13
平均	0.37	0.21	0.58	2.956	0.026	3.536

3. 平作秸秆覆盖技术对钾素流失的影响

从表 6-5 中可看出，不同处理钾素流失总量的顺序是：横坡垄作+秸秆覆盖（5.5 kg/hm²）＜顺坡垄作+秸秆覆盖（16.0 kg/hm²）＜平作+秸秆覆盖

（19.4 kg/hm²）＜横坡垄作＋农膜覆盖（51.9 kg/hm²）＜顺坡垄作＋农膜覆盖
（245.3 kg/hm²）。平作秸秆覆盖控制钾素流失比横坡垄作秸秆覆盖效果差，与顺坡
垄作秸秆覆盖很接近，但远比农膜覆盖的所有处理好，能够将钾素流失控制在较
低范围内。

表 6-5　覆盖方式对钾素流失量及流失途径的影响（2009 年）（单位：kg/hm²）

处理	径流钾流失量			泥沙钾流失量		钾素总流失量
	地表径流	壤中流	总量	全钾	有效钾	
顺垄＋秸秆	2.8bcd	3.6a	6.4abc	9.6d	0.1d	16.0d
平作＋秸秆	2.3dc	0.9ab	3.2bc	16.2d	0.1d	19.4d
横垄＋秸秆	1.9d	1.3ab	3.2c	2.3d	0.0d	5.5d
顺垄＋农膜	6.6a	0.5b	7.1abc	238.2b	1.8b	245.3b
横垄＋农膜	5.4abc	0.7b	6.1abc	45.8cd	0.4cd	51.9cd
平均	3.8	1.4	5.2	62.42	0.48	67.62

6.1.4　平作秸秆覆盖技术对玉米产量的影响

从表 6-6 中可看出，虽然平作秸秆覆盖的玉米产量没有横坡垄作农膜覆盖的
玉米产量高，但比顺坡垄作增产 28.8%，比顺坡垄作农膜覆盖增产 21.0%，比大
面积采用的顺坡垄作秸秆覆盖增产 3.8%。

表 6-6　覆盖方式对玉米覆盖度和产量的影响（2009 年）

处理	产量/(kg/hm²)	覆盖度/%			
		5 月 7 日	5 月 20 日	6 月 12 日	7 月 17 日
顺垄	3729.2c	36.7c	46.8cd	55.4b	56.6b
顺垄＋秸秆	4625.8ab	35.3c	48.2cd	59.4ab	57b
平作＋秸秆	4802.1ab	36.3c	47.9cd	58.2ab	58.8ab
横垄＋秸秆	4943.5ab	36.7c	55.6ab	59.9ab	57.5b
顺垄＋农膜	3968.2bc	45.9b	59.7a	62.4ab	61.5ab
横垄＋农膜	5344.1a	50.2a	59.4a	66.2a	65.9a

6.1.5　平作秸秆覆盖技术的应用

技术特点：在平作的基础上增加秸秆覆盖，可减少耕地起垄劳力投入，控制

水土、养分流失的效果最好，对雨水的蓄积效果最好，有一定增产效果。

技术效果：大幅提高土壤对降雨的有效蓄积（比横坡垄作秸秆覆盖增加 9%，比顺坡垄作秸秆覆盖增加 22%，比农膜覆盖增加 32%），是很好的节水技术。显著控制了氮的损失（比横坡垄作秸秆覆盖减少 25%，比顺坡垄作秸秆覆盖减少 56%，比农膜覆盖减少 28%）；控制土壤侵蚀，磷、钾损失的效果也很好（分别比农膜覆盖平均减少 88%、65%和 87%），玉米产量比顺坡垄作秸秆覆盖技术增产 3.8%，并减少了起垄用工 1～2 个/亩。由于该技术操作简便，效果显著，每亩可节本增效 80～100 元。

适应范围：该技术适用于西南坡耕地区，已在四川省的南充市、资阳市、内江市等地累计推广应用 585.65 万亩，新增效益 3.02 亿元。

6.2　分带间耕技术研究与应用

分带间耕技术是指按照种植制度的需要，沿等高线对坡地实施条带相间休耕和翻耕的耕地技术，在作物栽培时不起垄。

6.2.1　分带间耕技术对径流深和土壤侵蚀量的影响

从表 6-7 中可看出，相对于平作而言，横坡分带间耕能够显著降低地表径流。相对于横坡垄作而言，横坡分带间耕能够显著降低壤中流量。对于径流总深而言，横坡分带间耕的径流总深最低。横坡分带间耕减少了耕作对土壤的扰动，有利于土壤结构的形成，增强土壤抗冲性和减少土壤结皮的形成，有利于雨水入渗，相对于平作减少了地表径流和土壤侵蚀；而横坡垄作将雨水汇集到较小区域，使雨水只能在较小区域集中入渗，而紫色土饱和入渗速率很高，加大了壤中流损失，不利于雨水的土壤蓄积（林超文等，2010）。

表 6-7　耕作方式对径流深及土壤侵蚀量的影响（2009 年）

处理	地表径流深/mm	壤中流深/mm	径流总深/mm	地表径流深/径流总深/%	侵蚀量（t/hm²）
顺垄	247.0ab	54.1bc	301.1a	82.0a	25.4a
平作	263.7a	62.9bc	326.6a	80.7a	22.3a
横垄	195.4bc	96.4ab	291.8ab	67.0ab	4.3bc
横分	197.4bc	33.8c	231.2ab	85.4a	9.2bc

注：观测期降雨量为 546.9 mm。

对于侵蚀量而言,与顺坡垄作和平作相比,横坡分带间耕能够显著降低土壤侵蚀量,只有顺坡垄作侵蚀量的 1/3,说明在不起垄的情况下,横坡分带间耕也能很好地控制土壤侵蚀。

6.2.2 分带间耕技术对养分流失量的影响

1. 分带间耕技术对氮素流失的影响

从表 6-8 可看出,与顺坡垄作和平作比较,横坡分带间耕能够显著降低氮素的流失,特别是对于壤中流和泥沙中氮素的流失降低显著。因为横坡分带间耕降低了壤中流量和泥沙的流失量,从而能够有效地降低氮素的流失。因此,对于四川省坡耕地区,为了有效地控制水肥流失,横坡分带间耕不失为一种"轻简"(轻松简单)的耕作模式,值得推广。

表 6-8　耕作方式对氮素流失量及流失途径的影响(2009 年)(单位:kg/hm²)

处理	径流氮流失量			泥沙氮流失量		氮素总流失量
	地表径流	壤中流	总量	全氮	有效氮	
顺垄	12.4ab	17.5b	29.9a	22.8a	1.6a	52.7ab
平作	16.1a	23.2ab	39.3a	19.0a	1.5a	58.3a
横垄	9.2ab	29.9a	39.1a	3.7bc	0.3bc	42.8abc
横分	14.7a	11.1b	25.8ab	7.3bc	0.5bc	33.1bc

2. 分带间耕技术对磷素流失的影响

从表 6-9 可以看出,与顺坡垄作和平作比较,横坡分带间耕能够显著降低磷素的流失,特别是对于泥沙中磷素和地表径流中的磷素流失降低显著,主要原因可能是横坡垄作和横坡分带间耕降低了泥沙的流失量,从而能够有效降低泥沙中磷素的流失。

表 6-9　耕作方式对磷素流失量及流失途径的影响(2009 年)(单位:kg/hm²)

处理	径流磷流失量			泥沙磷流失量		磷素总流失量
	地表径流	壤中流	总量	全磷	有效磷	
顺垄	0.96a	0.14c	1.10a	26.22a	0.23a	27.32a
平作	0.97a	0.14bc	1.11a	22.01a	0.21a	23.12a
横垄	0.61b	0.31ab	0.92ab	4.7bc	0.04bc	5.62cd
横分	0.56b	0.09c	0.65bc	9.49bc	0.08bc	10.14bc

3. 分带间耕技术对钾素流失的影响

从表6-10可以看出,与顺坡垄作和平作比较,横坡分带间耕能够较大幅度降低钾素的流失,特别是对于泥沙中钾素流失降低显著,主要原因可能是横坡垄作和横坡分带间耕降低了泥沙的流失量,从而能够有效降低泥沙中钾素的流失。

表 6-10　耕作方式对钾素流失量及流失途径的影响（2009 年）（单位：kg/hm²）

处理	径流钾流失量			泥沙钾流失量		钾素总流失量
	地表径流	壤中流	总量	全钾	有效钾	
顺垄	7.5a	1.0ab	8.5a	550a	4.4a	558.5a
平作	6.7a	1.1ab	7.8abc	455.8a	3.7a	463.6a
横垄	5.7ab	1.5ab	7.2abc	88.6bc	0.7bc	95.8bc
横分	7.4a	0.5b	7.9ab	185.9bc	1.4bc	193.8bc

6.2.3　分带间耕技术对玉米产量的影响

从表6-11可以看出,横坡分带间耕处理的玉米产量比顺坡垄作提高18.6%,达显著水平,这主要是因为横坡分带间耕技术能够大幅提高雨水有效蓄积率,并显著减少土壤养分流失,提高养分利用效率,使玉米在生长后期长势明显比顺坡垄作好（7 月 17 日时覆盖度提高了 3.5%）,使玉米产量显著提高。

表 6-11　耕作方式对玉米覆盖度和产量的影响（2009 年）

处理	产量/(kg/hm²)	覆盖度/%			
		5 月 7 日	5 月 20 日	6 月 12 日	7 月 17 日
顺垄	3729.2c	36.7c	46.8cd	55.4b	56.6b
平作	4379.1ab	34.4a	46.6b	58.4a	55.8ab
横垄	4645.2a	36.5a	51.2a	58a	57a
横分	4422ab	35.5a	52.9a	56.6ab	58.6a

6.2.4　分带间耕技术的应用

技术特点：操作简便,省工省力,控制水土、养分流失效果好,增产效果明显。

技术效果：横坡分带间耕比平作、顺坡垄作和横坡垄作减少耕地劳力投入50%～60%，亩减少耕地和起垄用工2～3个，比平作、顺坡垄作和横坡垄作平均增加雨水蓄积量31.3%，平均减少氮损失35.4%，磷素损失比平作和顺坡垄作平均减少60.0%，钾素损失比平作和顺坡垄作平均减少62.1%，比顺坡垄作玉米增产18.6%，亩节本增效100～120元。是适用于坡耕地的"轻简"耕作措施。

适应范围：由于该技术符合当前农业生产技术轻松、简单、高效的要求，适用于西南广大丘陵坡耕地区域，已在四川省旱坡地区大面积推广使用，在全省应用面积已达1641.64万亩，产生直接效益13.81亿元。

6.3　粮草套种技术研究与应用

粮草套种技术是指冬季小麦预留行套种黑麦草或紫花苕等饲草，夏季种植玉米和饲草的种植技术。

6.3.1　粮草套种技术对水土流失控制效应

1. 粮草套种技术对径流的控制效应

从图6-1可以看出，利用小麦预留行冬季增种黑麦草，能够在土壤中残留大量根系，在夏季时起到减少径流的作用。而夏季只种饲草反而加大径流深，主要是因为饲草需要多次刈割，刈割后耕地裸露，加重了径流的产生（林超文等，2011b）。

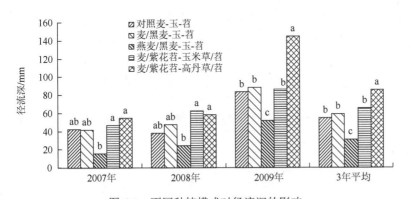

图6-1　不同种植模式对径流深的影响

2. 粮草套种技术对土壤侵蚀控制效应

从表6-12可以看出，紫花苕/麦-高丹草/苕模式的土壤侵蚀量最大，远大于其他处理，因为在雨季，地表覆盖主要是高丹草，但由于高丹草生长迅速，因生产需要，刈割最为频繁，刈割后地表裸露，在大雨或暴雨时期会产生大量径流，增大地表侵蚀。燕麦/黑麦-玉-苕模式的泥沙损失量最小，前作燕麦在收获后根系有很强的固沙作用，加上玉米覆盖度较高，径流小，故泥沙量也少。燕麦/黑麦-玉-苕处理不仅能够减少径流损失，同时还能有效控制泥沙流失。

表 6-12　不同种植模式对土壤侵蚀量的影响

处理	2007 年		2008 年		2009 年	
	径流深/mm	侵蚀量/(kg/hm²)	径流深/mm	侵蚀量/(kg/hm²)	径流深/mm	侵蚀量/(kg/hm²)
麦-玉-苕	42.3ab	892.4b	38.3ab	480.7b	83.7b	849.6bc
麦/黑麦-玉-苕	42.1ab	663.7b	47.2ab	445.2b	88.5b	825.4bc
燕麦/黑麦-玉-苕	15.8b	552.9b	24.8b	364.2b	51.9b	619.1c
紫花苕/麦-玉米草/苕	47.0a	652.9b	62.7a	577.1b	86.7b	984.3b
紫花苕/麦-高丹草/苕	54.6a	1987.0a	58.1a	1218.6a	145.1a	1453.8a

6.3.2　粮草套种技术对作物的产出效应

1. 粮草套种技术对粮食产量的影响

按照传统粮食的概念，麦-玉-苕种植制度产出的玉米籽粒、小麦籽粒、红苕薯块（按 5∶1 折算）为粮食。从 2007～2009 年的 3 年平均粮食产量来看（表 6-13），增种或改种饲草后，粮食产量都有所降低。但坡耕地区主要粮食作物是水稻与小麦，在各试验处理中，玉米籽粒、红苕薯块的主要用途是饲料，只有小麦籽粒的主要用途是粮食，因此，对麦-玉-苕种植制度进行改良，在稳定小麦种植面积的前提下，改种或增种饲草对该区域的粮食安全不会带来影响。

表 6-13　不同种植模式对粮食产量的影响　　　　（单位：kg/hm²）

种植模式	玉米	小麦	红苕	合计
CK：对照麦-玉-苕	3280.21a	1940.24a	1735.31c	6955.76a
A：麦/黑麦-玉/苕	3062.37a	1808.15a	1889.83bc	6760.35a
B：燕麦/黑麦-玉/苕	3169.19a	—	1969.87bc	5139.06b
C：麦/紫花苕-玉米草/苕	—	1832.56a	2079.93ab	3912.49c
D：麦/紫花苕-高丹草/苕	—	1867.94a	2248.90a	4116.84c

注：红苕鲜薯块按 5∶1 折算为粮食产量。

2. 粮草套种技术对饲草鲜草产量的影响

从试验结果可以看出（表 6-14），随着饲草种植面积的增加，饲草产量显著增加，以饲草为主的 C、D 处理的饲草产量是对照处理饲草产量的 4～5 倍。仅冬季空行增种一季饲草（A 处理），不仅能够增加一季饲草产量，还能显著提高红苕和苕藤产量，其饲草总产量是对照的 1.9 倍。可见，改变紫色丘陵区坡耕地现有麦/玉/苕旱三熟种植制度，在空行增种或改种饲草，能够成倍增加饲草产量，对发展当地畜牧业具有重要意义。

表 6-14　不同种植模式对鲜饲草产量的影响　　（单位：kg/hm²）

种植模式	冬季饲草	夏季饲草	合计
CK：对照麦-玉-苕	—	10300.0c	10300.0d
A：麦/黑麦-玉/苕	7516.5b	12366.7c	19883.2c
B：燕麦/黑麦-玉/苕	17314.2a	17183.3b	34497.5b
C：麦/紫花苕-玉米草/苕	3954.8c	38451.1a	42405.9a
D：麦/紫花苕-高丹草/苕	3876.9c	41581.1a	45458.0a

注：苕藤产量全部算入饲草作物。

3. 粮草套种技术对可饲部分干物质产量的影响

从干物质（可作饲料部分）产量结果（表 6-15）可以看出，将饲草作为作物纳入耕作制度后都显著提高了全年可饲干物质产量。3 年综合分析，增加可饲干物质产量最多的是 D 处理，其比对照增加可饲干物质 74%，其次是 C 处理，比对照增加可饲干物质 29%。可见，对紫色丘陵地区旱坡耕地现有麦/玉/苕旱三熟种植制度进行调整，发展饲草种植，能够显著增加旱坡耕地可饲干物质产出，提高旱坡耕地有效生产效能。

表 6-15　不同种植模式对可饲用干物质产量的影响　　（单位：kg/hm²）

种植模式	粮食作物	饲料作物	合计
CK：对照麦-玉-苕	7997.00a	1529.9e	9526.9c
A：麦/黑麦-玉/苕	7704.8a	3482.8d	11187.6bc
B：燕麦/黑麦-玉/苕	6321.2b	5219.8c	11541.0bc
C：麦/紫花苕-玉米草/苕	5160.6bc	7128.9b	12289.5b
D：麦/紫花苕-高丹草/苕	5465.7bc	11128.8a	16594.5a

注：苕藤干物质产量全部算入饲草作物。

4. 粮草套种技术对粗蛋白质产量的影响

从试验结果看出（表6-16），增种或改种饲草各处理的粗蛋白质产量都显著高于对照处理，其中以 D 处理的粗蛋白质产量最高，达 2165.03 kg/hm^2，是对照麦-玉-苕处理的 2.17 倍。仅利用冬季空行增种一季黑麦草（A 处理），即可增产粗蛋白质 34.1%。

表 6-16　不同种植模式对粗蛋白质产量的影响　（单位：kg/hm^2）

种植模式	粮食作物	饲料作物	合计
CK：对照麦-玉-苕	608.68a	389.00d	997.68c
A：麦/黑麦-玉/苕	575.58a	762.45c	1338.03b
B：燕麦/黑麦-玉/苕	363.93b	815.67bc	1179.60b
C：麦/紫花苕-玉米草/苕	340.37b	879.23b	1219.60b
D：麦/紫花苕-高丹草/苕	353.48b	1811.55a	2165.03a

注：苕藤粗蛋白质产量全部算入饲草作物。

5. 粮草套种技术对产值的影响

从表 6-17 的结果可以看出，将饲草纳入耕作制度后，产值都有所增加，特别是以饲草为主要作物的栽培模式（处理 D）增幅达 16.38%；仅在冬季小麦空行增种一季黑麦草的麦/黑麦-玉/苕种植模式产值也增加 11.32%，增种效益显著。当前饲草价格较低，其价值没有得到充分认可，如果饲草的产值得到进一步认可，改种饲草后的产值将进一步提高。

表 6-17　不同种植模式对产值的影响　（单位：元/hm^2）

种植模式	粮食作物	饲料作物	合计
CK：对照麦-玉-苕	12345.4a	2060.0d	14405.4b
A：麦/黑麦-玉/苕	12059.6a	3976.6c	16036.2a
B：燕麦/黑麦-玉/苕	9327.4b	6899.5b	16226.9a
C：麦/紫花苕-玉米草/苕	7275.2c	8481.2a	15756.4a
D：麦/紫花苕-高丹草/苕	7673.3c	9091.6a	16764.9a

注：农产品计算单价以 2008 年价格计算（元/kg）：鲜草 0.2、红苕 0.4、小麦 1.4、玉米 1.6。

6.3.3　粮草套种技术的应用

技术特点：坡地利用效率高、效益高、水土保持效果好。

技术效果：与传统的麦-玉-苕种植模式相比，冬季以小麦为主，增种黑麦草，夏季改种饲草的种植模式能够在基本稳定小麦籽粒产量的同时产出 2 倍的粗蛋白质，亩增效益 157 元，不仅稳定了真正意义的粮食产量，还成倍提高了单位面积的粗蛋白质产出，减少坡耕地水土流失，是适于该区域的高效种植模式。

适应范围：适用于四川盆地坡耕地，该技术已在四川省的资阳、自贡、达州、成都等市推广应用 395.46 万亩。

6.4　饲草缓冲带技术研究与应用

饲草缓冲带技术是指沿等高线在坡耕地上密植 0.5～1 m 宽的多年生饲草带，饲草带间距 6～8 m，饲草带间种植农作物的种植技术。

6.4.1　饲草缓冲带对水土流失的影响

从表 6-18 中可以看出，饲草缓冲带控制水土流失不仅效果好，而且见效快。8 年共减少泥沙流失 165.4～177.4 t/hm^2，相当于分别保住了约 1.3～1.8 cm 厚的表土（按土壤容重 1.3 g/cm^3 折算）。草本植物香根草控制水土流失的效果比木本豆科植物紫穗槐好，香根草饲草缓冲带小区的径流深和泥沙量分别比紫穗槐饲草缓冲带小区减少了 25.2%和 39.7%，说明在选择饲草缓冲带类型时，应以草本植物为主（林超文等，2007）。

表 6-18　历年径流深及土壤侵蚀量

| 年份 | 1 号地（坡度 20°径流场） | | | | | | 2 号地（坡度 12°径流场） | | | | | |
| | 对照 | | 香根草饲草缓冲带 | | 紫穗槐饲草缓冲带 | | 对照 | | 紫花苜蓿饲草缓冲带 | | 蓑草饲草缓冲带 | |
	径流深/mm	泥沙量/(t/hm^2)	径流深/mm	泥沙量/(t/hm^2)	径流深/mm	泥沙量/(t/hm^2)	径流深/mm	泥沙量/(t/hm^2)	径流深/mm	泥沙量/(t/hm^2)	径流深/mm	泥沙量/(t/hm^2)
1998	93.2	78.8	27.2	11.3	34.5	14.3	69.3	58.8	20.7	8.5	24.5	12.3
1999	78.3	65.8	15.3	1.3	23.1	3.5	67.6	47.3	11.6	0.8	16.4	3.1
2000	71.6	57.7	12.7	1.0	21.6	2.1	58.5	42.2	9.7	0.6	15.3	2.3
2001	171.7	44.4	33.7	3.1	41.9	8.2	156.2	35.1	25.6	2.1	29.7	6.2
2002	14.8	2.0	3.7	0.1	5.1	0.1	11.8	1.2	2.8	0.1	3.6	0.1
2003	15.3	0.4	5.1	0.1	5.4	0.2	13.3	0.5	3.9	0.1	3.8	0.2
2004	18.6	0.9	8.4	0.3	11.3	0.4	16.6	0.8	6.4	0.1	8.0	0.2
2005	18.2	10.4	6.1	0.4	7.2	0.5	16.2	4.8	4.6	0.3	5.1	0.4
合计	481.7	260.4	112.2	17.6	150.1	29.2	409.5	190.2	85.3	12.8	106.4	24.8

6.4.2　饲草缓冲带对坡耕地微地形的影响

由表 6-19 可见不同处理地貌变化情况。1 号地（坡度 20°）种植饲草缓冲带的两个小区坡度从原来的 20°减小为 16°28′和 17°11′，2 号地（坡度 12°）则从原来的 13°减小为 10°28′和 11°5′，说明种植饲草缓冲带后土壤坡度减缓明显，分别在缓冲带处形成了带坎（图 6-2～图 6-4）。对照小区的坡度虽也有所减缓，但是以土壤侵蚀为代价的。

表 6-19　坡面不同部位坡度（2007 年）

坡面位置	1 号地			2 号地		
	对照	香根草饲草缓冲带	紫穗槐饲草缓冲带	对照	紫花苜蓿饲草缓冲带	蓑草饲草缓冲带
1～6 m（下部）	17°42′	16°21′	16°8′	11°32′	10°31′	10°18′
8～13 m（中部）	20°31′	16°10′	17°34′	13°21′	10°20′	11°14′
15～20 m（上部）	18°17′	16°52′	17°51′	11°47′	10°32′	11°43′
平均	18°50′	16°28′	17°11′	12°13′	10°28′	11°5′

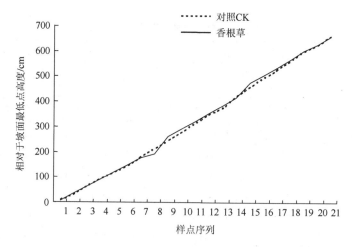

图 6-2　香根草饲草缓冲带对土壤坡面地形的影响（以对照为参照）（2007 年）

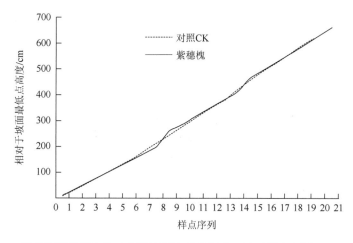

图 6-3　紫穗槐饲草缓冲带对土壤坡面地形的影响（以对照为参照）（2007 年）

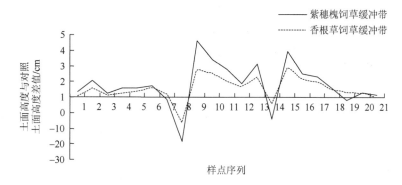

图 6-4　饲草缓冲带处理坡面高度与对照处理坡面高度的差异（2007 年）

6.4.3　饲草缓冲带对土壤肥力的影响

1. 饲草缓冲带对土壤颗粒空间分布的影响

图 6-5～图 6-10 是不同处理土壤机械组成的空间分布图。从土壤的各级颗粒含量分析，土壤质地基本属于粉砂壤土-壤土，但从土壤的砂粒和黏粒含量看，土壤颗粒的分布存在明显的规律性。对照小区（图 6-5 和图 6-8）最上端土壤砂粒含量（1 号地为 26.7%、2 号地为 39.1%）明显高于小区其他区域土壤砂粒含量（1 号地平均为 19.5%、2 号地下部砂粒含量为 33.9%），而土壤黏粒含量（1 号地为 24.2%、2 号地为 26.1%)明显低于其他区域土壤黏粒含量（1 号地平均为 29.9%、2 号地下部黏粒含量为 29.5%），这主要是因为顶部土壤耕作侵蚀非常严重，加之土层浅薄，使母质层甚至母岩的大量砂粒补充到土层中。中下部土壤在侵蚀过程中能够得到上部土壤的补充，质地差异不大。

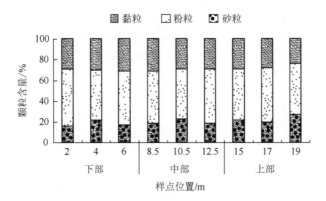

图 6-5　1 号地对照处理土壤颗粒分布图（2007 年）

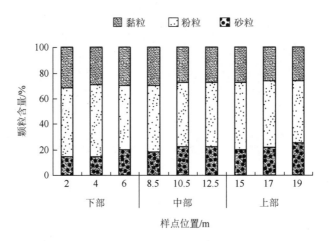

图 6-6　香根草饲草缓冲带处理土壤颗粒分布图（2007 年）

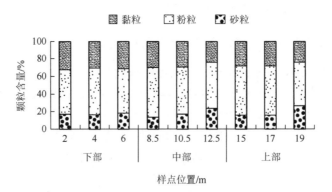

图 6-7　紫穗槐饲草缓冲带处理土壤颗粒分布图（2007 年）

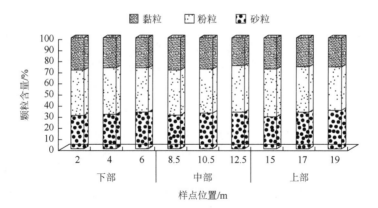

图 6-8　2 号地对照处理土壤颗粒分布图（2007 年）

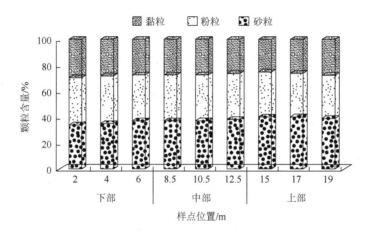

图 6-9　紫花苜蓿饲草缓冲带处理土壤颗粒分布图（2007 年）

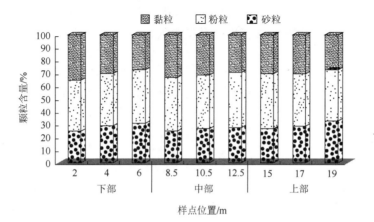

图 6-10　蓑草饲草缓冲带处理土壤颗粒分布图（2007 年）

当坡面栽培饲草缓冲带后，土壤颗粒在坡面的分布产生了较大的变化。由于饲草缓冲带对侵蚀土壤的拦截，黏粒在带前富集，土壤黏粒含量升高。香根草饲草缓冲带前土壤带平均黏粒含量为29.6%，分别比带间中部和带下土壤高6.6%和6.5%（相对差异）；带前砂粒含量则相对降低，平均含量为17.3%，分别比带间中部和带下土壤低11.4%和22.8%（相对差异）。紫花苜蓿缓冲带前土壤带平均黏粒含量为28.9%，分别比带间中部和缓冲带下部土壤高5.9%和9.3%（相对差异）；带前土壤带平均砂粒含量为29.8%，分别比带间中部和带下土壤低7.8%和12.9%（相对差异）。蓑草饲草缓冲带前土壤带平均黏粒含量为33.1%，分别比带间中部和带下土壤高7.0%和15.0%（相对差异）；带前土壤带平均砂粒含量为25.3%，分别比带间中部和带下土壤低10.5%和19.7%（相对差异）。这是因为饲草缓冲带的土壤随植物的成长很快形成带坎，径流穿过饲草缓冲带坎后流速加快，对坎下土壤侵蚀力增强，侵蚀加剧。但由于饲草缓冲带对侵蚀泥沙的拦截，坎下土壤以侵蚀为主，黏粒含量降低，砂粒含量升高。因此，坡面在饲草缓冲带介入后，土壤机械组成在坡面上形成了规律性分布：带前黏粒富集而带下砂粒富集的带状分布。

2. 饲草缓冲带对土壤有机质空间分布的影响

所有处理的土壤有机质含量较试验初始时都有所降低（表6-20）。其中1号地对照平均降低了34.3%、香根草饲草缓冲带区降低了25.8%、紫穗槐饲草缓冲带区降低了21.8%；2号地对照平均降低了25%、紫花苜蓿饲草缓冲带区降低了21.9%、蓑草饲草缓冲带区降低了30.2%。栽培饲草缓冲带后可以缓解有机质的降低速度，在相同条件下增加土壤有机质含量，香根草饲草缓冲带区和紫穗槐饲草缓冲带区分别比对照增加了13%和19%，紫花苜蓿饲草缓冲带区有机质含量比对照增加了4.2%，而仅蓑草饲草缓冲带区有机质含量比对照减少了6.9%。香根草、蓑草为禾本科植物，紫穗槐、紫花苜蓿则为豆科植物。与香根草相比，紫穗槐饲草缓冲带增加土壤有机质含量更大，说明豆科饲草缓冲带培肥地力的效果更显著。

表 6-20　各处理土壤有机质平均含量（%）（2007 年）

有机质	1 号地				2 号地			
	初始含量	对照	香根草饲草缓冲带	紫穗槐饲草缓冲带	初始含量	对照	紫花苜蓿饲草缓冲带	蓑草饲草缓冲带
有机质平均含量	0.94	0.618	0.698	0.735	0.96	0.72	0.75	0.67
与初始含量比较增加或减少比例	—	−34.3	−25.8	−21.8	—	−25.0	−21.9	−30.2
与对照比较增加或减少比例	—		13.0	19.0	—		4.2	−6.9

从图 6-11、图 6-12 可以看出，土壤有机质含量在坡面上的分布呈现规律性。对照处理最上部土壤有机质含量很低，其他部位含量较为平均，这与土壤颗粒分布规律相似。因为土壤有机质主要富集在细小土壤颗粒中，随着土壤颗粒的移动，土壤有机质的分布随着变化。当坡面栽培饲草缓冲带后，坡面有机质分布出现了坡面上部较低、坡面下部较高；带前含量增高而带下含量降低的分布规律。出现这种分布规律也是因为饲草缓冲带影响了土壤黏粒分布，使土壤有机质分布出现同样分布规律。

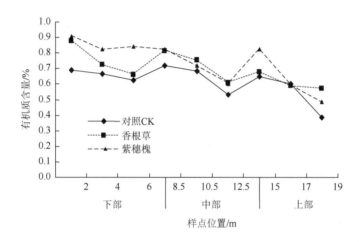

图 6-11　1 号地饲草缓冲带对坡面土壤有机质含量及分布的影响（2007 年）

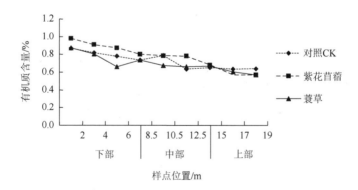

图 6-12　2 号地饲草缓冲带对坡面土壤有机质含量及分布的影响（2007 年）

3. 饲草缓冲带对土壤氮空间分布的影响

图 6-13、图 6-14 是各处理土壤全氮含量的分布图。1 号地各处理土壤全氮平均含量与试验土壤初始全氮含量基本持平略有增加（对照：0.059%、香根草：

0.062%、紫穗槐：0.058%），说明试验施氮水平维持了土壤氮素平衡。2 号地紫花苜蓿饲草缓冲带处理土壤全氮平均含量为 0.07%，比初始土壤含氮量提高了 6.1%；蓑草缓冲带处理土壤全氮平均含量为 0.066%，与试验土壤初始全氮含量持平；对照处理土壤全氮平均含量为 0.06%，比初始土壤含氮量降低了 9.1%。试验施氮水平在对照处理条件下不能维持土壤氮素平衡，在饲草缓冲带处理条件下能维持氮素平衡。对照处理氮的分布规律是从坡顶部到坡下部含量逐渐增加，1 号地从 0.043%增加到 0.068%，增幅达 58.1%；2 号地从 0.052%增加到 0.073%，增幅达 40.4%。说明坡面氮素从坡顶向坡脚移动富集现象非常明显。栽培饲草缓冲带后，氮素向坡脚移动被阻断，呈现带前氮素富集，带下氮素流失的波浪形分布特点，并显著提高了坡面上部的氮素含量。

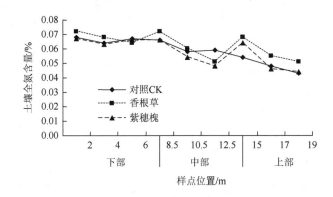

图 6-13　1 号地饲草缓冲带对土壤全氮含量分布的影响（2007 年）

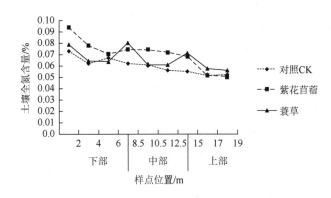

图 6-14　2 号地饲草缓冲带对土壤全氮含量分布的影响（2007 年）

4. 饲草缓冲带对土壤磷空间分布的影响

图 6-15、图 6-16 说明了饲草缓冲带对土壤磷空间分布影响规律。1 号地对照

处理土壤全磷平均含量与试验土壤初始全磷含量基本持平（对照：0.069%），说明试验施磷水平在农户栽培模式下维持了土壤磷素平衡。2 号地对照处理土壤全磷平均含量为 0.081%，比试验土壤初始全磷含量（0.071%）提高了 14.1%，说明试验施磷水平在农户栽培模式下大大提高了土壤含磷量，应适当减少磷肥施用量，这与高坡度（1 号地）条件下的情况有一定差异。这进一步证明土壤侵蚀是土壤磷素损失的重要途径，坡度降低，土壤侵蚀减少，磷素损失减少，同样的施磷水平在高坡度条件下能够维持土壤磷素平衡，但使较低坡度土壤磷素富集。对照处理磷的分布规律均是从坡顶到坡脚含量逐渐增加，1 号地从 0.05% 增加到 0.11%，增幅达 1.2 倍；2 号地从 0.063% 增加到 0.116%，增幅达 84%，说明坡面磷素从坡顶向坡脚移动富集现象非常显著。栽培饲草缓冲带后，磷素向坡脚移动被阻断，呈现带前磷素富集、带下磷素流失的波浪形分布特点，并显著提高了整个坡面磷素含量，饲草缓冲带通过控制土壤流失大量减少了磷素流失，使磷在坡面大量富集。栽培饲草缓冲带后可适当减少磷肥施用量。

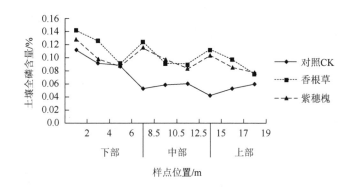

图 6-15　1 号地饲草缓冲带对土壤全磷含量分布的影响（2007 年）

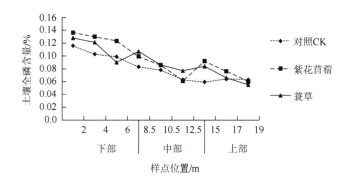

图 6-16　2 号地饲草缓冲带对土壤全磷含量分布的影响（2007 年）

5. 饲草缓冲带对土壤钾空间分布的影响

图 6-17、图 6-18 说明了饲草缓冲带对土壤钾空间分布影响规律。所有处理钾含量较初始时都有较大幅度降低，说明土壤钾处于亏损状态，施肥上应注意钾肥施用。栽培饲草缓冲带后，1 号地整个坡面钾素含量呈不规则变化，说明土壤侵蚀对钾素分布影响不大。2 号地各处理都是坡上部全钾含量最高，随着坡面向下土壤含钾量逐渐降低，这是因为坡上部土壤在侵蚀过程中能够得到新土补充，并且由于紫色土土层浅薄，部分紫色母岩补充到土壤中，因此坡面上部土壤的钾素耗竭较慢。

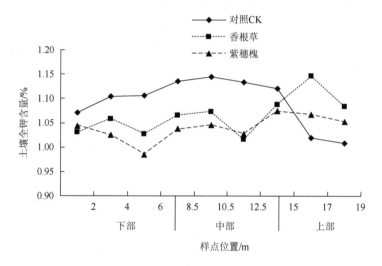

图 6-17　1 号地饲草缓冲带对土壤全钾含量分布的影响（2007 年）

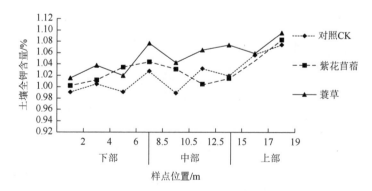

图 6-18　2 号地饲草缓冲带对土壤全钾含量分布的影响（2007 年）

6.4.4　饲草缓冲带技术对作物产量的影响

从表 6-21 可以看出，由于在坡面种植饲草缓冲带，坡面土壤侵蚀和土壤退化得到很好控制，土壤肥力显著提高，虽然缓冲带占据了 5%左右的面积，但各缓冲带处理作物平均产量增加 6.0%，说明饲草缓冲带不仅能够显著减少土壤、水、肥流失，还能提高农作物产量，并能产出一定数量的优质饲草，为畜牧业发展提供饲料保障。

表 6-21　饲草缓冲带对作物产量的影响　　　　（单位：kg/hm²）

处理时间	项目	1 号地（20°坡地）			2 号地（13°坡地）		
		对照	香根草缓冲带	紫穗槐缓冲带	对照	羡草缓冲带	苜蓿缓冲带
2006 年	玉米	5048	5114	5169	5867	5912	6013
	小麦	2511	2529	2871	2763	2812	2876
	饲草	0	8745	6130	0	6725	5014
2007 年	玉米	4683	4712	4825	5129	5234	5271
	小麦	2491	2467	2512	2529	2534	2528
	饲草	0	7965	5134	0	6149	4683
2009 年	玉米	4789	4821	4768	5038	5126	5248
	小麦	2639	2712	2793	2746	2726	2811
	饲草	0	8126	5569	0	6452	5127
2010 年	玉米	5113	5208	5237	5341	5471	5519
	小麦	2871	2817	2711	2913	3018	3149
	饲草	0	8390	6232	0	6890	5362
平均	玉米	4908	4964	5000	5344	5436	5513
	小麦	2628	2631	2722	2738	2773	2841
	饲草	0	8307	5766	0	6554	5047

6.4.5　饲草缓冲带技术的应用

技术特点：操作简单、水土养分保持效果好、效益显著。

技术效果：在坡耕地栽种饲草缓冲带可以显著减少径流深和泥沙流失量，8年能够保住 1.3～1.8 cm 的表土层，且见效快；饲草缓冲带能够显著降低坡面坡度（从原 20°减小为 16°28′，13°减小为 10°28′），使坡地自然梯化；栽种饲草缓冲带后,土壤有机质得到提高(高坡度土壤平均提高 16%,低坡度土壤平均提高 5.5%);土壤磷呈高度富集,8 年累计平均提高 40.1%。栽种饲草缓冲带后,由于土壤质量的提高,单位面积粮食产量有所提高,抵消了由于粮食播面减少而造成的减产,能够另外产出 5000～8500 kg/hm^2 饲草,为畜牧业发展提供部分优质饲料。经测算,饲草缓冲带技术亩节本增效 100～120 元。

技术应用:该技术适用于西南坡耕地区域,已在四川省资阳、南充、达州、巴中等市(州)应用 60.45 万亩。

第 7 章　四川省农田氮、磷流失概况

7.1　四川省农田氮、磷流失总体概况

通过对典型地块进行抽样调查，计算出每个典型地块氮、磷的施用量，并确定该地块所属种植模式，按照农业农村部组织科研单位监测到的流失系数，计算出以地表径流和地下淋溶方式流失的氮、磷量，再根据不同种植模式抽样地块面积占该模式总面积的比例，计算出各该模式下氮、磷的流失量，从而汇总出全省的施用量、流失量。

7.1.1　四川省农田氮、磷、钾肥料施用量

全省种植业 2017 年氮、磷、钾（含有机肥，下同）合计用量为 412.40 万 t（折纯），其中氮肥用量为 199.96 万 t（折纯，N）、磷肥使用量为 104.80 万 t（折纯，P_2O_5）、钾肥 107.64 万 t（折纯，K_2O）（表 7-1）。全省农用地平均施用氮肥（折纯，N）20.54 kg/亩、磷肥（折纯，P_2O_5）10.76 kg/亩、钾肥（折纯，K_2O）11.06 kg/亩。按四川省平均复种指数 2.0 计算，平均农用地单季肥料施用量为 21.18 kg/亩，其中氮肥（折纯，N）10.27 kg/亩、磷肥（折纯，P_2O_5）5.38 kg/亩、钾肥（折纯，K_2O）5.53 kg/亩。

表 7-1　四川省氮、磷、钾肥施用情况（2017 年）

项目	全省施用总量/t	农用地平均施用量/(kg/亩)	单季肥料施用量/(kg/亩)	备注
氮肥（折纯，N）	1999615	20.54	10.27	
磷肥（折纯，P_2O_5）	1047995	10.76	5.38	复种指数 2.0
钾肥（折纯，K_2O）	1076387	11.06	5.53	
氮、磷种植业合计	4123997	42.36	21.18	

计算方法及有关说明：首先将各市（州）作为计算单元，按其典型地块调查数据及该市（州）各模式面积，计算出市（州）各类模式的氮、磷、钾肥施用量，再将 21 个市（州）各类模式的氮、磷、钾肥施用量按不同模式汇总，得到全省各模式肥料施用量及全省氮、磷、钾肥施用总量。计算过程中发现，部分市（州）

出现因少部分模式面积相对较小，而没有做典型地块调查的情况，计算时用全省该模式的综合数据代替该市（州）该模式的数据。阿坝州的其他有机肥（FM07）、其他畜粪（FM06）的养分含量出现明显不符合常理的情况，计算过程中删除相关信息 29 条。宜宾市出现四川省的第 25 种模式，即南方湿润平原-双季稻模式，其面积只有 600 亩，也没有典型地块调查的相关信息，统计时将其放在南方湿润平原-保护地模式中，对计算结果影响很小。

7.1.2　种植业源氮、磷的流失总量

全省农田总氮（TN）流失量为 56820.84 t，其中以地表径流形式流失的 TN 为 33030.27 t，占农田 TN 流失量的 58.13%；以地下淋溶方式流失的 TN 为 23790.57 t，占农田 TN 流失量的 41.87%。地表径流中，以铵态氮（NH_4^+-N）形态流失的总量为 3228.46 t。全省农田地表径流中总磷（TP）流失量为 3529.57 t（表 7-2）。

表 7-2　四川省农田氮、磷流失情况（2017 年）　　　　（单位：t）

流失方式	总磷（TP）	总氮（TN）	铵态氮（NH_4^+-N）
地表径流	3529.57	33030.27	3228.46
地下淋溶		23790.57	
合计	3529.57	56820.84	3228.46

7.2　四川省各市（州）氮、磷流失概况

7.2.1　各市（州）种植业源农田磷的流失量

种植业源总磷流失情况：全省农用地 TP 流失量为 3529.57 t（表 7-3），全省农用地平均流失强度为 0.54 kg/hm²。分析全省各市（州）农用地总磷流失量，流失量最大的 5 个市（州）是成都市、南充市、宜宾市、凉山州、达州市，其中成都市农用地总磷流失量为 593.05 t，占全省总磷流失量的 16.80%；南充市农用地总磷流失量为 329.13 t，占全省总磷流失量的 9.32%；宜宾市农用地总磷流失量为 306.35 t，占全省总磷流失量的 8.68%；凉山州农用地总磷流失量为 262.13 t，占全省总磷流失量的 7.43%；达州市农用地总磷流失量为 221.22 t，占全省总磷流失量的 6.27%，这 5 个市（州）农用地总磷流失量合计 1711.88 t，占全省总磷流失量的 48.50%。同时这些市（州）的农用地面积 4042.53 万亩，占农用地面积的 41.52%，

说明这个几个市（州）农业生产较集中。全省各市（州）农用地总磷流失量较小的 5 个市（州）是阿坝州、甘孜州、资阳市、攀枝花市、自贡市，其流失量分别为 24.20 t、27.18 t、40.11 t、69.53 t、73.40 t，合计 234.42 t，占全省总磷流失量的 6.64%。见表 7-3、图 7-1。

表 7-3　四川省各市（州）农用地总磷流失情况（2017 年）

排序	市（州）	农用地面积/万亩	地表径流流失量-总磷/t	各市（州）总磷流失量占全省比例/%
1	阿坝州	80.00	24.20	0.69
2	甘孜州	135.72	27.18	0.77
3	资阳市	180.73	40.11	1.14
4	攀枝花市	159.26	69.53	1.97
5	自贡市	298.37	73.40	2.08
6	遂宁市	243.63	85.06	2.41
7	雅安市	260.32	89.94	2.55
8	内江市	356.79	106.50	3.02
9	广元市	546.73	128.27	3.63
10	德阳市	294.10	133.50	3.78
11	乐山市	459.31	143.19	4.06
12	泸州市	708.28	164.48	4.66
13	广安市	458.59	176.63	5.00
14	眉山市	487.84	179.66	5.09
15	巴中市	501.16	182.48	5.17
16	绵阳市	522.79	193.56	5.48
17	达州市	645.69	221.22	6.27
18	凉山州	970.37	262.13	7.43
19	宜宾市	869.42	306.35	8.68
20	南充市	848.14	329.13	9.32
21	成都市	708.91	593.05	16.80
	合计	9736.15	3529.57	

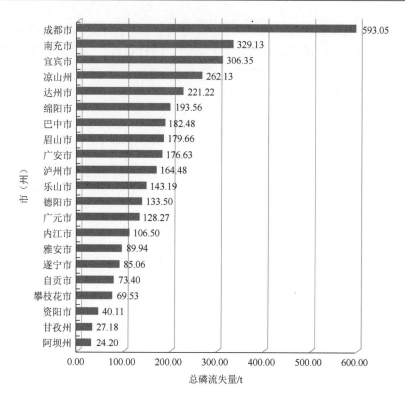

图 7-1　四川省各市（州）农用地总磷流失情况（2017 年）

7.2.2　各市（州）种植业源农田氮流失量

种植业源农用地总氮流失情况：四川省农用地总氮流失量为 56820.84 t（表 7-4）、农用地平均流失强度为 8.75 kg/hm²。分析四川省各市（州）农用地总氮流失量，流失量最大的 5 个市（州）是成都市、凉山州、南充市、眉山市、绵阳市，其中成都市总氮流失量为 9154.46 t，占全省总氮流失量的 16.11%；凉山州总氮流失量为 6538.30 t，占全省总氮流失量的 11.51%；南充市总氮流失量为 5927.70 t，占全省总氮流失量的 10.43%；眉山市总氮流失量为 4785.05 t，占全省总氮流失量的 8.42%；绵阳市总氮流失量为 3223.48 t，占全省总氮流失量的 5.67%。这 5 个市（州）合计总氮流失量为 29628.99 t，占全省总氮流失量的 52.14%，即全省总氮流失量中超过半数来自这 5 个市（州）。相对而言，成都市的总氮流失量显得很高，眉山市、南充市、凉山州的总氮流失量也位居全省前 5 位。四川省各市（州）农用地总氮流失量较小的 5 个市（州）是阿坝州、甘孜州、资阳市、攀枝花市、自贡市，其中阿坝州总氮流失量为 286.03 t，占全省总氮流失量的 0.50%；

甘孜州总氮流失量为 293.13 t，占全省总氮流失量的 0.52%；资阳市总氮流失量为 597.05 t，占全省总氮流失量的 1.05%；攀枝花市总氮流失量为 651.62 t，占全省总氮流失量的 1.15%；自贡市总氮流失量为 1231.93 t，占全省总氮流失量的 2.17%。这 5 个市（州）合计总氮流失量 3059.75 t，占全省总氮流失量的 5.38%，这 5 个市（州）的总氮流失量也排在全省后 5 位（图 7-2）。

表 7-4　四川省各市（州）农用地总氮流失情况（2017 年）

市（州）	农用地面积/万亩	地表径流-总氮/t	地下淋溶-总氮/t	总氮合计/t	各市（州）氮流失量占比/%
阿坝州	80.00	165.18	120.85	286.03	0.50
甘孜州	135.72	146.35	146.78	293.13	0.52
资阳市	180.73	403.29	193.75	597.04	1.05
攀枝花市	159.26	484.23	167.39	651.62	1.15
自贡市	298.37	835.88	396.05	1231.93	2.17
内江市	356.79	1200.84	274.65	1475.49	2.60
巴中市	501.16	1244.16	404.25	1648.41	2.90
雅安市	260.32	872.39	972.93	1845.32	3.25
遂宁市	243.63	1099.92	799.92	1899.84	3.34
德阳市	294.10	1460.01	442.92	1902.93	3.35
泸州市	708.28	1458.06	760.16	2218.22	3.90
广元市	546.73	1663.42	648.70	2312.12	4.07
广安市	458.59	1502.91	1001.16	2504.07	4.41
达州市	645.69	1921.89	587.83	2509.72	4.42
乐山市	459.31	1348.53	1429.52	2778.05	4.89
宜宾市	869.42	1911.21	1126.72	3037.93	5.35
绵阳市	522.79	2165.26	1058.22	3223.48	5.67
眉山市	487.84	2161.65	2623.40	4785.05	8.42
南充市	848.14	3236.40	2691.30	5927.70	10.43
凉山州	970.37	3375.62	3162.68	6538.30	11.51
成都市	708.91	4373.07	4781.39	9154.46	16.11
合计	9736.15	33030.27	23790.57	56820.84	

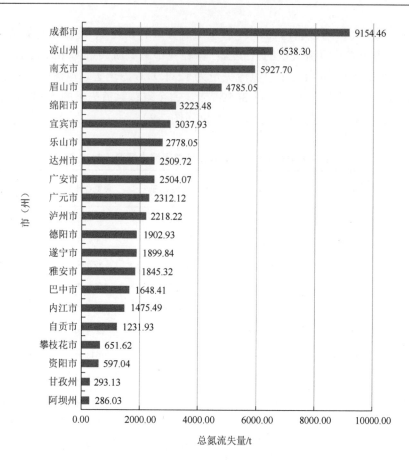

图 7-2　四川省各市（州）农用地总氮流失情况（2017 年）

7.2.3　各市（州）种植业源农田铵态氮流失量

种植业源农用地铵态氮流失情况：四川省农用地总氮流失量为 3228.46 t（表 7-5）、农用地平均流失强度为 0.50 kg/hm²。分析四川省各市（州）农用地铵态氮流失量，流失量最大的 5 个市（州）是成都市、南充市、凉山州、宜宾市、眉山市，其中成都市铵态氮流失量为 387.98 t，占全省铵态氮流失量的 12.02%；南充市铵态氮流失量为 324.37 t，占全省铵态氮流失量的 10.05%；凉山州铵态氮流失量为 256.64 t，占全省铵态氮流失量的 7.95%；宜宾市铵态氮流失量为 219.88 t，占全省铵态氮流失量的 6.81%；眉山市铵态氮流失量为 213.11 t，占全省铵态氮流失量的 6.60%。这 5 个市（州）铵态氮流失量合计 1401.98 t，占全省铵态氮流失量的 43.43%。四川省各市（州）农用地铵态氮流失量较小的 5 个市（州）是甘孜州、阿坝州、资阳市、攀枝花市、雅安市，其中甘孜州铵态氮流失量为 9.21 t，占全省铵态氮流失量的 0.29%；阿坝州铵态氮流失量为 13.97 t，占全省铵态氮流失量的 0.43%；资阳市铵态氮流失量为 36.05 t，占全省铵态氮流失量的 1.12%；攀枝花市铵态氮流失量为 53.51 t，占全省铵态氮流失量的 1.66%；雅安市铵态氮流失量为 87.18 t，占全省铵态氮流失量的 2.70%。这 5 个市（州）铵态氮流失量合计 199.92 t，占全省铵态氮流失量的 6.19%（图 7-3）。

表 7-5　四川省各市（州）农用地铵态氮流失情况（2017 年）

排序	市（州）	农用地面积/万亩	地表径流总量-铵态氮/t	各市（州）铵态氮流失量占全省比例/%
1	甘孜州	135.72	9.21	0.29
2	阿坝州	80.00	13.97	0.43
3	资阳市	180.73	36.05	1.12
4	攀枝花市	159.26	53.51	1.66
5	雅安市	260.32	87.18	2.70
6	自贡市	298.37	87.57	2.71
7	遂宁市	243.63	89.66	2.78
8	德阳市	294.10	128.23	3.97
9	乐山市	459.31	136.53	4.23
10	内江市	356.79	139.49	4.32
11	广安市	458.59	146.71	4.54
12	巴中市	501.16	147.40	4.57
13	泸州市	708.28	168.79	5.23
14	绵阳市	522.79	179.19	5.55
15	广元市	546.73	190.08	5.89
16	达州市	645.69	212.91	6.59
17	眉山市	487.84	213.11	6.60
18	宜宾市	869.42	219.88	6.81
19	凉山州	970.37	256.64	7.95
20	南充市	848.14	324.37	10.05
21	成都市	708.91	387.98	12.02
	合计	9736.15	3228.46	

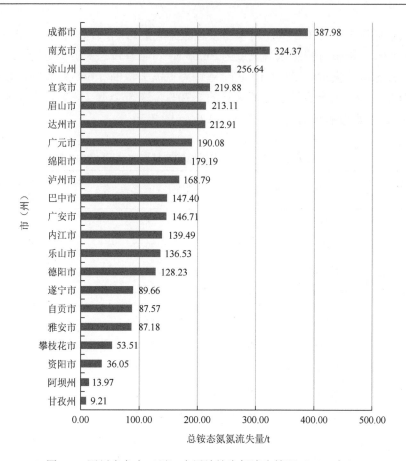

图 7-3　四川省各市（州）农用地铵态氮流失情况（2017 年）

7.2.4　各市（州）种植业源总氮流失量构成

四川省农用地总氮流失总量为 56820.84 t，其中 33030.27 t 来自地表径流，占全年流失总量的 58.13%，以地下淋溶的形式流失的总氮为 23790.57 t，占全年流失总量的 41.87%（表 7-6）。

表 7-6　四川省各市（州）农用地总氮流失量及构成（2017 年）

排序	市（州）	总氮合计/t	地表径流流失总量-总氮/t	地表径流总氮流失占比/%	地下淋溶流失总氮/t	地下淋溶流失总氮占比/%
1	眉山市	4785.05	2161.65	45.18	2623.40	54.82
2	雅安市	1845.32	872.39	47.28	972.93	52.72

续表

排序	市（州）	总氮合计/t	地表径流流失总量-总氮/t	地表径流总氮流失占比/%	地下淋溶流失总氮/t	地下淋溶流失总氮占比/%
3	成都市	9154.46	4373.07	47.77	4781.39	52.23
4	乐山市	2778.05	1348.53	48.54	1429.52	51.46
5	甘孜州	293.13	146.35	49.93	146.78	50.07
6	凉山州	6538.30	3375.62	51.63	3162.68	48.37
7	南充市	5927.70	3236.40	54.60	2691.30	45.40
8	阿坝州	286.03	165.18	57.75	120.85	42.25
9	遂宁市	1899.84	1099.92	57.90	799.92	42.10
10	广安市	2504.07	1502.91	60.02	1001.16	39.98
11	宜宾市	3037.93	1911.21	62.91	1126.72	37.09
12	泸州市	2218.22	1458.06	65.73	760.16	34.27
13	绵阳市	3223.48	2165.26	67.17	1058.22	32.83
14	资阳市	597.04	403.29	67.55	193.75	32.45
15	自贡市	1231.93	835.88	67.85	396.05	32.15
16	广元市	2312.12	1663.42	71.94	648.70	28.06
17	攀枝花市	651.62	484.23	74.31	167.39	25.69
18	巴中市	1648.41	1244.16	75.48	404.25	24.52
19	达州市	2509.72	1921.89	76.58	587.83	23.42
20	德阳市	1902.93	1460.01	76.72	442.92	23.28
21	内江市	1475.49	1200.84	81.39	274.65	18.61
	合计	56820.84	33030.27	58.13	23790.57	41.87

　　分析各市（州）总氮流失构成情况发现，内江市、德阳市、达州市、巴中市、攀枝花市 5 市（州），其地表径流流失的总氮占全年总氮流失量的比重最高（图 7-4），与之相对，其地下淋溶流失的总氮占全年总氮流失量的比重相对较低。地表径流流失的总氮占全年总氮流失量的比重较低的 5 个市（州）是眉山市、雅安市、成都市、乐山市、甘孜州。

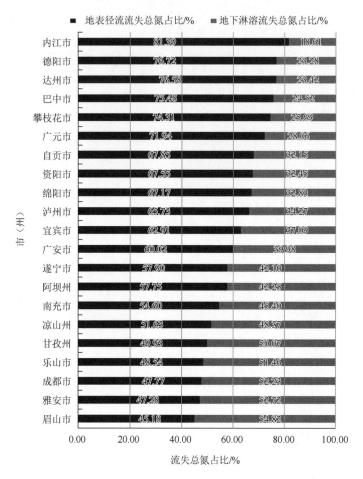

图 7-4 四川省各市（州）农用地流失总氮的构成（2017 年）

7.3 四川省分种植模式氮、磷流失概况

7.3.1 四川省分种植模式磷流失量

四川全省不同种植模式下总磷流失量为 14136.95 t，从流失系数看，流失系数最大的 5 个种植模式分别是南方湿润平原区-露地蔬菜（总磷流失系数为3.77%）、南方湿润平原区-单季稻（总磷流失系数为 2.72%）、南方山地丘陵区-缓坡地-梯田-其他水田（总磷流失系数为 1.90%）、南方湿润平原区-大田作物（总磷流失系数为 1.87%）、南方山地丘陵区-陡坡地-梯田-水旱轮作（总磷流失系数为 1.83%），见表 7-7。

表 7-7 四川省不同种植模式磷流失状况（2017 年）

种植模式	全省模式面积/亩	全省磷肥用量/t	总磷流失系数/%	总磷流失量/t	单位面积磷肥用量/(kg/亩)
南方湿润平原区-单季稻	4482604.35	17214.32	2.72	468.23	3.84
南方山地丘陵区-陡坡地-梯田-其他水田	1637928.26	8290.84	1.75	145.09	5.06
南方山地丘陵区-缓坡地-梯田-其他水田	7089127.68	38579.52	1.90	733.01	5.44
南方湿润平原区-稻麦轮作	2565008.4	19145.98	1.28	245.07	7.46
南方山地丘陵区-陡坡地-梯田-水旱轮作	2503608.69	19365.52	1.83	354.39	7.74
南方山地丘陵区-陡坡地-非梯田-横坡-大田作物	6025597.64	47304.48	0.94	444.66	7.85
南方湿润平原区-稻油轮作	5534174.06	43472.74	1.57	682.52	7.86
南方山地丘陵区-缓坡地-非梯田-横坡-大田作物	6836729.08	53890.01	1.39	749.07	7.88
南方山地丘陵区-陡坡地-非梯田-顺坡-大田作物	7667401.8	64439.76	0.98	631.51	8.4
南方湿润平原区-保护地	298258.7	2550.02	0.00	0.00	8.55
南方湿润平原区-其他水旱轮作	562146.9	4895.92	1.46	71.48	8.71
南方山地丘陵区-缓坡地-梯田-水旱轮作	6336051.29	56167.35	1.60	898.68	8.86
南方山地丘陵区-陡坡地-梯田-大田作物	3597367.02	33185.51	0.70	232.30	9.22
南方山地丘陵区-缓坡地-梯田-大田作物	5886149.85	54455.07	0.90	490.10	9.25
南方湿润平原区-大田作物	3657031.49	35447.56	1.87	662.87	9.69
南方山地丘陵区-缓坡地-非梯田-顺坡-大田作物	10605241.86	114112.26	1.18	1346.52	10.76
南方山地丘陵区-缓坡地-梯田-园地	2881195.26	32441.39	0.83	269.26	11.26
南方湿润平原区-其他水田	1012054.5	11486.39	1.36	156.21	11.35
南方湿润平原区-园地	2264115.61	30595.97	0.13	39.77	13.51
南方山地丘陵区-陡坡地-梯田-园地	2244667.25	33981.04	0.40	135.92	15.14
南方山地丘陵区-陡坡地-非梯田-园地	3882099.98	66778.72	0.47	313.86	17.20
南方湿润平原区-稻菜轮作	2149381.51	37340.38	0.93	347.27	17.37
南方山地丘陵区-缓坡地-非梯田-园地	4619502.32	123158.79	0.78	960.64	26.66
南方湿润平原区-露地蔬菜	3024081.8	99695.46	3.77	3758.52	32.97

从单位面积磷肥用量看，单位面积磷肥用量排名前 5 的种植模式分别是南方湿润平原区-露地蔬菜（单位面积磷肥用量为 32.97 kg/亩）、南方山地丘陵区-缓坡地-非梯田-园地（单位面积磷肥用量为 26.66 kg/亩）、南方湿润平原区-稻菜

轮作（单位面积磷肥用量为 17.37 kg/亩）、南方山地丘陵区-陡坡地-非梯田-园地（单位面积磷肥用量为 17.20 kg/亩）及南方山地丘陵区-陡坡地-梯田-园地（单位面积磷肥用量为 15.14 kg/亩）。

从总磷流失量来看，总磷流失量排名前 5 的种植模式分别是：南方湿润平原区-露地蔬菜（总磷流失量为 3758.52 t）、南方山地丘陵区-缓坡地-非梯田-顺坡-大田作物（总磷流失量为 1346.52 t）、南方山地丘陵区-缓坡地-非梯田-园地（总磷流失量为 960.64 t）、南方山地丘陵区-缓坡地-梯田-水旱轮作（总磷流失量为 898.68 t）、南方山地丘陵区-缓坡地-非梯田-横坡-大田作物（总磷流失量为 749.07 t）。这 5 种种植模式面积之和为 3142.16 万亩，占所有模式面积的 32.27%，磷肥用量为 44.7 万 t，占所有模式磷肥用量的 42.66%，总磷流失量为 7713.43 万 t，占所有模式磷流失量的 54.56%。南方湿润平原区-保护地模式面积仅为全省总面积的 0.31%，磷肥用量占全省磷肥用量的 0.24%，而总磷流失量为 0，占全省总磷流失量的 0%。

7.3.2 四川省分种植模式铵态氮流失量

四川全省不同种植模式下铵态氮流失量为 7335.37 t，从流失系数看，流失系数最大的 5 个种植模式分别是南方湿润平原区-单季稻（铵态氮流失系数为 0.76%）、南方湿润平原区-稻菜轮作（铵态氮流失系数为 0.75%）、南方湿润平原区-其他水旱轮作（铵态氮流失系数为 0.61%）、南方山地丘陵区-缓坡地-梯田-其他水田（铵态氮流失系数为 0.61%）、南方山地丘陵区-陡坡地-梯田-其他水田（铵态氮流失系数为 0.59%）。

从单位面积氮肥用量看，单位面积氮肥用量排名前 5 的种植模式分别是南方湿润平原区-露地蔬菜（单位面积氮肥用量为 39.9 kg/亩）、南方山地丘陵区-陡坡地-梯田-园地（单位面积氮肥用量为 35.5 kg/亩）、南方山地丘陵区-缓坡地-非梯田-园地（单位面积氮肥用量为 28.19 kg/亩）、南方山地丘陵区-陡坡地-非梯田-园地（单位面积氮肥用量为 27.37 kg/亩）、南方山地丘陵区-缓坡地-梯田-园地（单位面积氮肥用量为 25.24 kg/亩）。

从铵态氮流失量来看，铵态氮流失量排名前 5 的种植模式分别是南方山地丘陵区-缓坡地-非梯田-顺坡-大田作物（铵态氮流失量为 1080.05 t）、南方湿润平原区-露地蔬菜（铵态氮流失量为 627.48 t）、南方山地丘陵区-缓坡地-梯田-水旱轮作（铵态氮流失量为 582.69 t）、南方山地丘陵区-缓坡地-非梯田-园地（铵态氮流失量为 520.9 t）、南方山地丘陵区-缓坡地-梯田-其他水田（铵态氮流失量为 475.11 t）。这 5 种种植模式面积之和为 3167.4 万亩，占所有模式面积的 32.53%，氮肥用量为 68.26 万 t，占所有模式氮肥用量的 34.13%，铵态氮流失量为 3286.23 t，占所有模式铵态氮流失量的 44.80%（表 7-8）。

表 7-8 四川省不同种植模式铵态氮流失状况（2017 年）

种植模式	全省模式面积/亩	全省氮肥用量/t	铵态氮流失系数/%	铵态氮流失量/t	单位面积氮肥用量/(kg/亩)
南方湿润平原区-单季稻	4482604.35	42742.46	0.76	324.84	9.54
南方山地丘陵区-陡坡地-梯田-其他水田	1637928.26	16815.03	0.59	99.21	10.27
南方山地丘陵区-缓坡地-梯田-其他水田	7089127.68	77887.23	0.61	475.11	10.99
南方湿润平原区-保护地	298258.7	4041.54	0.00	0.00	13.55
南方湿润平原区-其他水田	1012054.5	15758.83	0.45	70.91	15.57
南方山地丘陵区-陡坡地-梯田-水旱轮作	2503608.69	41688.75	0.58	241.79	16.65
南方山地丘陵区-陡坡地-梯田-大田作物	3597367.02	60754.49	0.25	151.89	16.89
南方山地丘陵区-缓坡地-梯田-大田作物	5886149.85	112050.01	0.22	246.51	19.04
南方山地丘陵区-陡坡地-非梯田-顺坡-大田作物	7667401.8	147468.64	0.31	457.15	19.23
南方山地丘陵区-缓坡地-梯田-水旱轮作	6336051.29	123977.43	0.47	582.69	19.57
南方山地丘陵区-缓坡地-非梯田-横坡-大田作物	6836729.08	134406.27	0.30	403.22	19.66
南方湿润平原区-大田作物	3657031.49	72671.22	0.21	152.61	19.87
南方湿润平原区-稻油轮作	5534174.06	110213.84	0.33	363.71	19.92
南方湿润平原区-其他水旱轮作	562146.9	11208.2	0.61	68.37	19.94
南方山地丘陵区-陡坡地-非梯田-横坡-大田作物	6025597.64	123724.3	0.34	420.66	20.53
南方山地丘陵区-缓坡地-非梯田-顺坡-大田作物	10605241.86	229796.81	0.47	1080.05	21.67
南方湿润平原区-稻麦轮作	2565008.4	56897.7	0.33	187.76	22.18
南方湿润平原区-稻菜轮作	2149381.51	51474.3	0.75	386.06	23.95
南方湿润平原区-园地	2264115.61	56489.65	0.16	90.38	24.95
南方山地丘陵区-缓坡地-梯田-园地	2881195.26	72716.63	0.13	94.53	25.24
南方山地丘陵区-陡坡地-非梯田-园地	3882099.98	106248.03	0.19	201.87	27.37
南方山地丘陵区-缓坡地-非梯田-园地	4619502.32	130224.92	0.40	520.90	28.19
南方山地丘陵区-陡坡地-梯田-园地	2244667.25	79688.98	0.11	87.66	35.50
南方湿润平原区-露地蔬菜	3024081.8	120669.74	0.52	627.48	39.90

7.3.3 四川省分种植模式总氮流失量

四川全省不同种植模式下总氮流失量为 63807.67 t，从流失系数看，流失系数最大的 5 个种植模式分别是南方湿润平原区-保护地（总氮流失系数为 6.95%）、南方湿润平原区-露地蔬菜（总氮流失系数为 5.85%）、南方湿润平原区-大田作物（总氮流失系数为 5.63%）、南方湿润平原区-其他水旱轮作（总氮流失系数为 4.29%）、南方湿润平原区-单季稻（总氮流失系数为 4.14%）（表 7-9）。

表 7-9　四川省不同种植模式总氮流失状况

种植模式	全省模式面积/亩	全省氮肥用量/t	总氮流失系数/%	总氮流失量/t	单位面积氮肥用量/(kg/亩)
南方湿润平原区-单季稻	4482604.35	42742.46	4.14	1769.54	9.54
南方山地丘陵区-陡坡地-梯田-其他水田	1637928.26	16815.03	3.19	536.40	10.27
南方山地丘陵区-缓坡地-梯田-其他水田	7089127.68	77887.23	3.49	2718.26	10.99
南方湿润平原区-保护地	298258.70	4041.54	6.95	280.89	13.55
南方湿润平原区-其他水田	1012054.50	15758.83	3.47	546.83	15.57
南方山地丘陵区-陡坡地-梯田-水旱轮作	2503608.69	41688.75	3.32	1384.07	16.65
南方山地丘陵区-陡坡地-梯田-大田作物	3597367.02	60754.49	2.76	1676.82	16.89
南方山地丘陵区-缓坡地-梯田-大田作物	5886149.85	112050.01	3.46	3876.93	19.04
南方山地丘陵区-陡坡地-非梯田-顺坡-大田作物	7667401.80	147468.64	3.19	4704.25	19.23
南方山地丘陵区-缓坡地-梯田-水旱轮作	6336051.29	123977.43	2.74	3396.98	19.57
南方山地丘陵区-缓坡地-非梯田-横坡-大田作物	6836729.08	134406.27	2.45	3292.95	19.66
南方湿润平原区-大田作物	3657031.49	72671.22	5.63	4091.39	19.87
南方湿润平原区-稻油轮作	5534174.06	110213.84	3.66	4033.83	19.92
南方湿润平原区-其他水旱轮作	562146.90	11208.20	4.29	480.83	19.94
南方山地丘陵区-陡坡地-非梯田-横坡-大田作物	6025597.64	123724.30	2.26	2796.17	20.53
南方山地丘陵区-缓坡地-非梯田-顺坡-大田作物	10605241.86	229796.81	3.39	7790.11	21.67
南方湿润平原区-稻麦轮作	2565008.40	56897.70	3.05	1735.38	22.18
南方湿润平原区-稻菜轮作	2149381.51	51474.30	3.86	1986.91	23.95
南方湿润平原区-园地	2264115.61	56489.65	2.81	1587.36	24.95
南方山地丘陵区-缓坡地-梯田-园地	2881195.26	72716.63	2.12	1541.59	25.24

种植模式	全省模式 面积/亩	全省氮肥 用量/t	总氮流失 系数/%	总氮流 失量/t	单位面积氮 肥用量/ (kg/亩)
南方山地丘陵区-陡坡地-非梯田-园地	3882099.98	106248.03	1.60	1699.97	27.37
南方山地丘陵区-缓坡地-非梯田-园地	4619502.32	130224.92	2.98	3880.70	28.19
南方山地丘陵区-陡坡地-梯田-园地	2244667.25	79688.98	1.18	940.33	35.50
南方湿润平原区-露地蔬菜	3024081.80	120669.74	5.85	7059.18	39.90

从总氮流失量来看，总氮流失量排名前 5 的种植模式分别是南方山地丘陵区-缓坡地-非梯田-顺坡-大田作物（总氮流失量为 7790.11 t）、南方湿润平原区-露地蔬菜（总氮流失量为 7059.18 t）、南方山地丘陵区-陡坡地-非梯田-顺坡-大田作物（总氮流失量为 4704.25 t）、南方湿润平原区-大田作物（总氮流失量为 4091.39 t）、南方湿润平原区-稻油轮作（总氮流失量为 4033.83 t）。这 5 种种植模式面积之和为 3048.79 万亩，占所有模式面积的 31.31%，氮肥用量为 68.08 万 t，占所有模式氮肥用量的 34.05%，总氮流失量为 2.77 万 t，占所有模式总氮流失量的 43.38%（表 7-9）。

7.4　沱江流域典型农业小流域氮和磷排放特征

7.4.1　降雨量及径流量变化特征

图 7-5 所示是花椒沟小流域 2012 年和 2013 年全年的降雨量与径流量。2012 年全年的降雨量为 844.4 mm，其中 7~9 月雨季降雨量为 691.75 mm，占全年降雨量的 81.92%；2013 年全年的降雨量为 937.35 mm，其中 7~9 月雨季降雨量为 562.5 mm，占全年降雨量的 60%。因此，2012 年和 2013 年几乎全年的降雨量都集中于 7~9 月。对于径流量而言，2012 年花椒沟小流域全年的径流量高达 14.04×10^5 m^3，其中 7~9 月径流量为 10.05×10^5 m^3，占全年径流量的 71.58%；而 2013 年全年的径流量为 5.91×10^5 m^3，其中 7~9 月径流量为 3.34×10^5 m^3，占全年径流量的 56.51%。可以发现径流量与降雨量呈现正相关关系。2012 年 7~9 月降雨量比 2013 年高，导致全年径流量比 2013 年高。另外，2012 年降雨量比 2013 年分散，也是 2012 年径流量比 2013 年高的原因。2012 年和 2013 年 4 月中下旬降雨开始增多，因而径流量也开始增多，直到 7 月日径流量出现比较大的增多，并且出现最大径流量，分别为 0.74×10^5 m^3/d 和 0.27×10^5 m^3/d。2012 年和 2013 年 10 月之后，降雨量减少，因此径流量也趋于平缓，基本上分别接近于 1004.5 m^3/d 和 1208.13 m^3/d（王宏等，2020）。

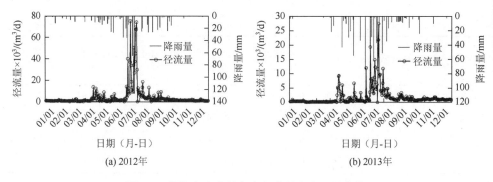

图 7-5　花椒沟小流域年度径流量和降雨量变化

7.4.2　氮污染物排放量及排放特征

2012 年和 2013 年 1～12 月，花椒沟小流域监测端氮素污染物浓度变化见图 7-6。从图中可以看出，从 4 月开始降雨量增多，总氮、铵态氮、可溶性总氮流失浓度增大，特别是铵态氮。2012 年和 2013 年 4 月和 5 月铵态氮浓度都出现了

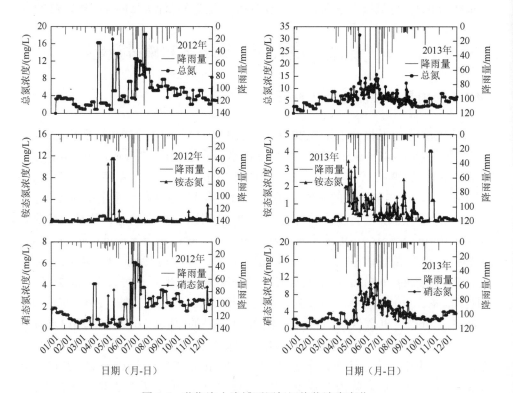

图 7-6　花椒沟小流域不同氮污染物浓度变化

全年最大，分别为 11.51 mg/L 和 4.44 mg/L，5 月之后铵态氮浓度逐渐降低。硝态氮相比铵态氮而言，流失浓度从 6 月开始增大直到 7 月达到最大流出浓度，2012 和 2013 年硝态氮流出最大浓度分别为 6.06 mg/L 和 11.43 mg/L。结合铵态氮和硝态氮浓度的变化，总氮流出浓度从 5 月开始升高直到 7 月出现最大浓度峰值，2012 年和 2013 年总氮流出浓度峰值分别为 18.16 mg/L 和 31.63 mg/L。因此，根据流失浓度得到，花椒沟小流域铵态氮流失风险期在 7 月之前，大概在 4~6 月；总氮、硝态氮流失风险期在 7 月之后，大概在 7~9 月。

　　2012 年和 2013 年 1~12 月，总氮、铵态氮、硝态氮流失量及流失情况见表 7-10。从表中可以看出，2012 年和 2013 年总氮、铵态氮和硝态氮全年流失总量分别是 11172.61 kg 和 3869.70 kg、415.38 kg 和 271.31 kg、4590.46 kg 和 2668.65 kg，2012 年氮污染物的流失量大于 2013 年可能是因为 2012 年的 7~9 月的降雨比 2013 年大。对于总氮而言，7~9 月流失量分别占 2012 年和 2013 年全年流失的 86.77% 和 59.29%，占全年总氮流失量的一半以上，属于流失风险期。对于铵态氮而言，4~7 月流失量分别占 2012 年和 2013 年全年流失的 78.45% 和 62.24%。硝态氮相比于铵态氮流失风险期比较延后，主要发生在 2012 年和 2013 年的 7~9 月，流失量分别为 88.74% 和 65.55%。通过铵态氮、硝态氮与总氮比例分析，发现 2012 年和 2013 年 1~12 月硝态氮所占的比例都是最多的，而且在 7~9 月的时候，硝态氮占总氮的比例在全年几乎是最高的，说明花椒沟小流域总氮的流失形式主要以硝态氮形式流失，特别是在 7~9 月的时候；而花椒沟小流域总氮中铵态氮的流失比较小，而且主要集中在 4~7 月。此外，除硝态氮和铵态氮外，总氮的流失还有一部分以颗粒态流失，2012 年和 2013 年颗粒态氮的流失比例分别为 51.9% 和 31.13%。2012 年比 2013 年颗粒态流失比例高，可能是因为 2012 年降雨分散、降雨强度比较大，导致颗粒态氮流失量比较大。

表 7-10　花椒沟小流域氮污染物流失量及流失情况

月份	TN/kg		NH$_4^+$-N //kg		NH$_4^+$-N /TN/%		NO$_3^-$-N /kg		NO$_3^-$-N /TN/%	
	2012 年	2013 年	2012 年	2013 年	2012 年	2013 年	2012 年	2013 年	2012 年	2013 年
1	85.00	25.92	1.66	1.22	1.95	4.71	39.29	13.63	46.22	52.58
2	38.40	9.43	2.37	0.26	6.17	2.76	17.15	3.73	44.66	39.55
3	44.40	21.23	2.88	0.25	6.49	1.18	18.23	8.74	41.06	41.17
4	283.32	400.11	75.93	40.19	26.80	10.04	69.21	180.46	24.43	45.10
5	305.15	252.10	117.56	25.69	38.53	10.19	40.31	153.61	13.21	60.93
6	270.97	463.03	29.01	26.93	10.71	5.82	62.10	308.63	22.92	66.65
7	8305.60	1740.67	103.38	76.06	1.24	4.37	3474.45	1377.76	41.83	79.15
8	876.84	307.42	14.76	28.69	1.68	9.33	341.75	223.92	38.98	72.84

月份	TN/kg		NH$_4^+$-N /kg		NH$_4^+$-N /TN/%		NO$_3^-$-N /kg		NO$_3^-$-N /TN/%	
	2012 年	2013 年	2012 年	2013 年	2012 年	2013 年	2012 年	2013 年	2012 年	2013 年
9	511.75	246.29	28.32	28.98	5.53	11.77	257.47	147.60	50.31	59.93
10	225.32	93.57	5.14	11.94	2.28	12.76	124.22	64.36	55.13	68.78
11	138.08	145.04	19.10	26.96	13.83	18.59	82.61	78.73	59.83	54.28
12	87.78	164.89	15.27	4.14	17.40	2.51	63.67	107.48	72.53	65.18
全年	11172.61	3869.70	415.38	271.31	3.72	7.01	4590.46	2668.65	41.09	68.96

7.4.3 磷污染物排放量及排放特征

2012 年和 2013 年 1～12 月，花椒沟小流域径流磷污染物浓度变化见图 7-7。从图中可以看出，2012 年总磷最高浓度分别出现在 1 月、2 月、3 月和 5 月，最高浓度分别为 3.43 mg/L、1.28 mg/L、1.41 mg/L 和 1.29 mg/L，而在 6～12 月时小流域总磷流出浓度变化比较稳定。与 2012 年相同，2013 年总磷浓度变化也比较

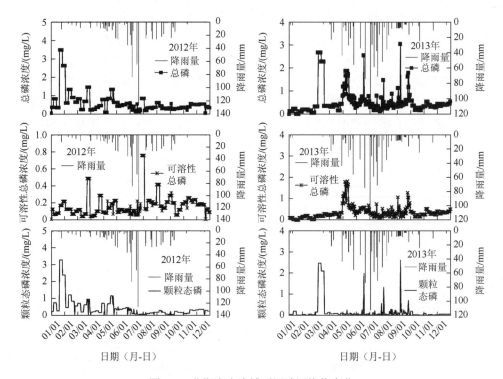

图 7-7　花椒沟小流域不同磷污染物变化

剧烈。2013 年总磷污染物排放最高浓度分别出现在 3 月、5 月、6 月和 9 月，最高浓度分别为 2.67 mg/L、1.86 mg/L、2.54 mg/L 和 3.04 mg/L。对于可溶性总磷而言，2012 年花椒沟小流域可溶性总磷流出的浓度都比较低，只在 3 和 8 月流出浓度比较高，分别为 0.48 mg/L 和 0.75 mg/L。2013 年花椒沟小流域可溶性总磷流出浓度相比 2012 年而言都比较高，特别是在 5 月和 9 月时，流出浓度分别为 1.83 mg/L 和 1.28 mg/L。2012 年颗粒态磷流出最高浓度出现在 1 月，为 3.27 mg/L；2013 年颗粒态磷在 3 月、6 月、8 月和 9 月都比较高，浓度分别为 2.46 mg/L、1.96 mg/L、1.30 mg/L 和 2.61 mg/L。因此，小流域总磷、可溶性总磷、颗粒态磷流出浓度与降雨量并没有呈现比较明显的正相关关系，而且与可溶性总磷相比，颗粒态磷的流出浓度比较大。

2012 年和 2013 年 1~12 月，花椒沟小流域磷污染物流失量及流失特征情况见表 7-11。从中可以看出，2012 年全年总磷、可溶性总磷（TDP）、颗粒态磷（PP）的流出量都比 2013 年多，这可能是由于 2012 年径流量比 2013 年高。2012 年和 2013 年 1~4 月，总磷、可溶性总磷、颗粒态磷流出量都比较低，特别是在 2013 年前 3 个月流出量更少。主要原因可能是在产流初期径流量较少，携带养分的能力有限，从而使径流中磷素污染物流出量比较低。总磷、可溶性总磷、颗粒态磷流出量最多的时间主要集中在 2012 年和 2013 年 7~9 月，分别占全年流出量的 52.74%和 55.68%、72.55%和 52.17%、35.87%和 68.31%。2012 年和 2013 年 10~12 月，总磷、可溶性总磷、颗粒态磷流出量减少，变化也比较平缓。通过可溶性总磷、颗粒态磷与总磷的对比分析，得到总磷的流出形式中，颗粒态磷占主要比例，特别是在 2012 年时，1 月颗粒态磷的流出比例达到 92.13%。此外，2012 年和 2013 年 1~4 月颗粒态磷的流出比例都非常高，7~9 月颗粒态磷的流出比例有所降低，可能是因为降雨强度会对颗粒态磷的流失特征有影响。

表 7-11 花椒沟小流域磷污染物流失量及流失情况

月份	TP/(kg/d)		TDP/(kg/d)		（TDP/TP）/%		PP/(kg/d)		（PP/TP）/%	
	2012 年	2013 年	2012 年	2013 年	2012 年	2013 年	2012 年	2013 年	2012 年	2013 年
1	39.88	1.27	3.14	0.67	7.88	52.76	36.74	0.60	92.13	47.24
2	16.08	0.41	1.86	0.31	11.57	75.61	14.22	0.11	88.43	26.83
3	17.65	4.92	4.10	0.76	23.23	15.45	13.55	4.16	76.77	84.55
4	42.88	20.22	16.19	16.66	37.76	82.40	26.69	3.56	62.24	17.61
5	38.19	17.68	8.33	16.13	21.81	91.23	29.86	1.55	78.19	8.77
6	28.69	22.39	6.63	20.44	23.11	91.30	22.07	1.95	76.93	8.71
7	179.60	74.00	110.12	55.19	61.31	74.58	69.47	18.81	38.68	25.42
8	39.15	20.77	28.66	16.75	73.21	80.65	10.49	4.02	26.79	19.35

月份	TP/(kg/d)		DP/(kg/d)		（DP/TP）/%		PP/(kg/d)		（PP/TP）/%	
	2012 年	2013 年	2012 年	2013 年	2012 年	2013 年	2012 年	2013 年	2012 年	2013 年
9	29.31	31.79	18.12	20.89	61.82	65.71	11.19	10.90	38.18	34.29
10	13.03	9.07	7.27	7.60	55.79	83.80	5.76	1.47	44.21	16.21
11	14.60	12.79	7.92	11.85	54.25	92.65	6.68	0.93	45.75	7.27
12	11.33	12.00	3.91	10.68	34.51	89.00	7.42	1.32	65.49	11.00
全年	470.39	227.31	216.25	177.93	45.97	78.28	254.14	49.38	54.03	21.72

7.5　施肥和秸秆覆盖对成都平原区农田氮素和磷素流失的影响

7.5.1　降雨量及氮、磷沉降变化特征

图 7-8 表示的是 2018 年和 2019 年降雨分布及湿沉降氮、磷养分浓度变化。2018 年全年降雨量为 1233.1 mm，降雨主要集中在 7、8、9 三个月，占全年降雨量的 75.18%，而且 7 月份的降雨量最高；2019 年全年的降雨量为 835.9 mm，同样也是集中在 7、8、9 三个月份，占全年降雨量的 52.53%，三个月份降雨分布相对比较均匀（王宏等，2020）。2018 年和 2019 年湿沉降中总氮、可溶性总氮、硝态氮、铵态氮基本上在初春 3、4 月份降雨量较少的时候浓度最大，随着后期降雨

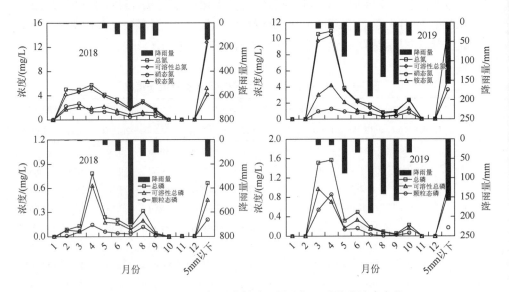

图 7-8　2018～2019 年同花村降雨量及氮、磷养分浓度变化

量的增加，不同氮成分的浓度逐渐减少。而且在 4~7 月时，铵态氮浓度始终高于硝态氮浓度，特别是在 2019 年，现象更加明显。对于磷养分而言，当降雨量小时，总磷、可溶性总磷和颗粒态磷的浓度比较大；当降雨量大时，总磷、可溶性总磷和颗粒态磷的浓度就会减小。2018 年，总磷、可溶性总磷和颗粒态磷最大浓度出现在 4 月，最大浓度分别为 0.78 mg/L、0.63 mg/L、0.14 mg/L；而当 7 月出现最大降雨量时，总磷、可溶性总磷和颗粒态磷浓度仅为 0.11 mg/L、0.08 mg/L、0.03 mg/L。可以看出，湿沉降中氮、磷养分沉降浓度都比较大，特别是在初春 3、4 月份时，对水体富营养化和农业面源污染贡献都比较大。

　　表 7-12 所示的是 2018~2019 年同花村湿沉降中不同氮和磷成分的含量。2018 年全年总氮沉降量为 43.04 kg/hm²，7、8、9 三个月份氮沉降合计为 18.66 kg/hm²，占全年总氮沉降的比例为 43.36%。2019 年全年总氮沉降量为 31.95 kg/hm²，7、8、9 三个月份氮沉降合计为 6.03 kg/hm²，占全年总氮沉降的比例为 18.87%，大部分的总氮随小于 5 mm 降雨沉降。2018 年和 2019 年可溶性总氮的沉降量分别为 39.96 kg/hm² 和 30.21 kg/hm²，分别占总氮的比例为 92.84% 和 94.55%，说明总氮基本上都是以可溶性总氮沉降。2018 年可溶性总氮中硝态氮和铵态氮沉降分别为 12.39 kg/hm² 和 18.61 kg/hm²，分别占可溶性总氮的沉降量为 31.01% 和 46.57%；2019 年可溶性总氮中硝态氮和铵态氮沉降分别为 9.63 kg/hm² 和 14.06 kg/hm²，分别占可溶性总氮的沉降量为 31.88% 和 46.54%，说明可溶性总氮的沉降主要形式为铵态氮。在 2018 年，总磷沉降量最大出现在 6、7、8 三个月，沉降量分别为 0.19 kg/hm²、0.80 kg/hm²、0.43 kg/hm²，占全年总沉降量的 55.90%；2018 年全年总磷、可溶性总磷和颗粒态磷沉降量分别为 2.54 kg/hm²、1.76 kg/hm²、0.78 kg/hm²，可溶性总磷为总磷沉降的主要形式，占比为 69.29%。2019 年，总磷沉降比较分散，沉降量最大出现在 3、5、7 三个月，沉降量分别为 0.23 kg/hm²、0.28 kg/hm²、0.35 kg/hm²，占全年总沉降量的 27.04%，大部分的总磷随小于 5 mm 降雨发生沉降。2019 年全年总磷、可溶性总磷和颗粒态磷沉降量分别为 3.18 kg/hm²、2.41 kg/hm²、0.76 kg/hm²，可溶性总磷为总磷沉降的主要形式，占比为 75.79%。可见，湿沉降总氮养分主要是以铵态氮的形式沉降，而且主要集中在 7、8、9 三个月；而湿沉降磷养分沉降占比最高的为可溶性总磷，主要分布在 7 月份之前。

表 7-12　2018~2019 年同花村湿沉降氮、磷养分沉降量分布变化（单位：kg/hm²）

月份	总氮		可溶性总氮		硝态氮		铵态氮		总磷		可溶性总磷		颗粒态磷	
	2018	2019	2018	2019	2018	2019	2018	2019	2018	2019	2018	2019	2018	2019
1	0.00	0.00	0.00	0.00	0.00	0.00	0.00	0.00	0.00	0.00	0.00	0.00	0.00	0.00
2	0.32	0.00	0.26	0.00	0.14	0.00	0.11	0.00	0.01	0.00	0.01	0.00	0.00	0.00
3	0.40	1.62	0.37	1.49	0.21	0.15	0.17	0.46	0.01	0.23	0.01	0.15	0.01	0.08

续表

月份	总氮		可溶性总氮		硝态氮		铵态氮		总磷		可溶性总磷		颗粒态磷	
	2018	2019	2018	2019	2018	2019	2018	2019	2018	2019	2018	2019	2018	2019
4	0.45	1.20	0.41	1.14	0.10	0.14	0.15	0.47	0.06	0.17	0.05	0.08	0.01	0.09
5	1.75	3.42	1.64	3.24	0.56	0.81	0.91	1.85	0.10	0.28	0.07	0.15	0.03	0.12
6	3.08	0.77	2.65	0.72	0.89	0.26	1.38	0.37	0.19	0.17	0.15	0.11	0.04	0.06
7	12.86	3.37	11.90	2.61	3.03	1.23	5.76	1.23	0.80	0.35	0.57	0.28	0.23	0.07
8	4.09	1.12	3.75	0.98	1.11	0.34	1.75	0.41	0.43	0.13	0.27	0.11	0.16	0.02
9	1.71	1.54	1.57	1.44	0.67	0.54	1.22	0.86	0.04	0.09	0.02	0.06	0.02	0.03
10	0.00	0.81	0.00	0.80	0.00	0.27	0.00	0.45	0.00	0.08	0.00	0.06	0.00	0.02
11	0.00	0.00	0.00	0.00	0.00	0.00	0.00	0.00	0.00	0.00	0.00	0.00	0.00	0.00
12	0.00	0.00	0.00	0.00	0.00	0.00	0.00	0.00	0.00	0.00	0.00	0.00	0.00	0.00
5 mm 以下	18.38	18.10	17.41	17.79	5.68	5.78	7.16	7.96	0.90	1.68	0.62	1.41	0.28	0.27
合计	43.04	31.95	39.96	30.21	12.39	9.63	18.61	14.06	2.54	3.18	1.76	2.41	0.78	0.76

注：表中数据均有四舍五入。

7.5.2　农田地表径流深及氮素流失量

图 7-9 是 2018～2019 年同花村地表径流深和氮养分的变化。从图中可以看出，2018 年和 2019 年初期降雨量比较低的时候，稻田比较干旱，径流深产流比较少。但是，随着降雨量的增加，地表径流产流量也会增加，而且降雨量越大，地表径流产流量增加越快，而当降雨量再次减少的时候，地表径流的产流量也随之下降。2018 年在不同降雨时期，不同处理地表径流流失量相差不大，平均流失量为 483.8 mm；2019 年在不同降雨时期，减氮处理 TR4 地表径流流失量是所有处理中最低的，全年流失量为 171.7 mm，优化施肥处理 TR2 和增氮处理 TR3 在所有处理中地表径流流失量都比较高，全年流失量分别为 221.3 mm 和 219.6 mm。此外，从图中可以看出，地表径流氮养分流出浓度与降雨量成反比。其中，2018 年氮养分浓度随降雨量的变化为先增加后降低的趋势；而 2019 年养分随降雨量的变化为先降低后增加再降低的趋势，总氮、可溶性总氮、硝态氮和铵态氮四种养分的变化趋势是一致的。2018 年氮养分流出浓度最大发生在 7 月 9 日，总氮、可溶性总氮、硝态氮和铵态氮四种养分流出浓度最大的处理为 TR2，分别为 2.46 mg/L、2.07 mg/L、1.91 mg/L、1.54 mg/L，流出浓度最小的处理为 TR4 或者 TR5；2019 年氮养分流出浓度最大发生在 6 月 22 日，总氮、可溶性总氮、硝态氮和铵态氮四种养分流出浓度最大的处理为 TR2，分别为 3.17 mg/L、2.93 mg/L、2.49 mg/L、0.21 mg/L，流出浓度最小的处理为 TR4，分别为 1.28 mg/L、

0.94 mg/L、0.67 mg/L、0.11 mg/L。氮养分的流出浓度都比较高，对附近水体面源污染造成严重威胁。

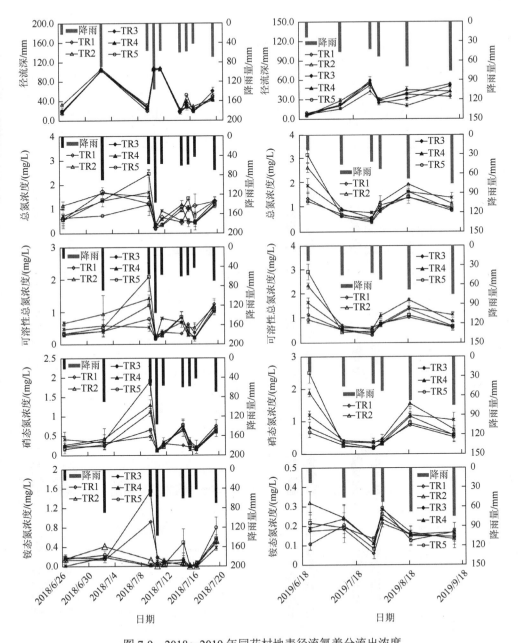

图 7-9　2018～2019 年同花村地表径流氮养分流出浓度

TR1：常规施肥处理；TR2：优化施肥处理；TR3：增氮处理；TR4：减氮处理；TR5：秸秆覆盖处理

图 7-10 所示的是 2018～2019 年地表径流氮养分随地表径流流失量。从图中可以看出，2018 年共产生 2 次地表径流，氮养分随地表径流流失主要发生在 7 月份；2019 年共产生 4 次地表径流，氮养分随地表径流流失比较分散，其中 8 月份流失较多。2018 年和 2019 年，总氮、可溶性总氮和硝态氮随地表径流流失量最多的处理为 TR3，流失量最小的处理为 TR4；而铵态氮 2018 年全年流失量最多的处理为 TR2，流失量最小的处理为 TR5，2019 年全年流失量最多的处理为 TR3，流失量最小的处理为 TR4。2018 年不同处理总氮随地表径流流失量范围为 2.91～4.75 kg/hm²，可溶性总氮为总氮的主要流失形式，占比为 44.17%～

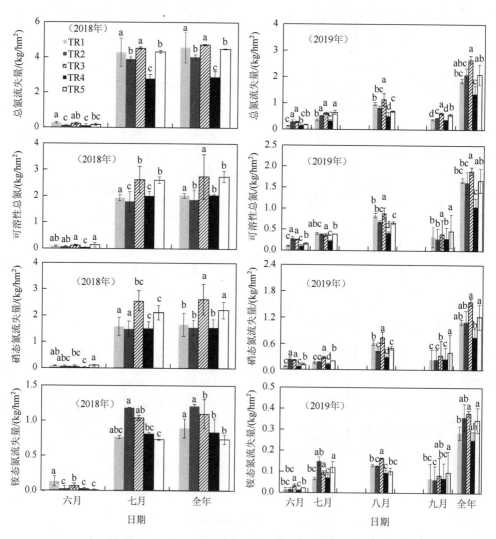

图 7-10　2018～2019 年同花村地表径流氮养分流失量

70.13%；2019 年不同处理总氮随地表径流流失量为 1.37～2.68 kg/hm²，可溶性总氮占总氮的流失比例为 76.44%～89.64%。随地表径流流失的可溶性总氮中硝态氮为主要的流失形式，2018 年和 2019 年流失比例分别为 51.20%～82.42%、65.57%～81.62%。

7.5.3　农田地表径流磷素流失量

图 7-11 表示的是同花村农田地表径流磷素流失浓度。从图中可以看出，初期降雨量比较小，地表径流磷素养分流失也比较少，总磷、可溶性总磷和颗粒态磷浓度的变化趋势比较平缓。当降雨量较大时，农田地表径流中的总磷和可溶性总磷浓度都会减小，当降雨量较小时，农田地表径流中的总磷和可溶性总磷的浓度会增大，而农田地表径流颗粒态磷的浓度的变化并没有随着降雨出现规律性的变化。2018 年总磷流失浓度最大的处理为 TR3，流失浓度为 0.20 mg/L，颗粒态磷流失最大的处理也为 TR3，流失浓度为 0.10 mg/L；2019 年总磷流失浓度最大的处理为 TR4，流失浓度为 0.48 mg/L，颗粒态磷的流失最大的处理也为 TR4，流失浓度为 0.39 mg/L。2018 年总磷的变化趋势与可溶性总磷的趋势比较一致，但 TR3 处理，

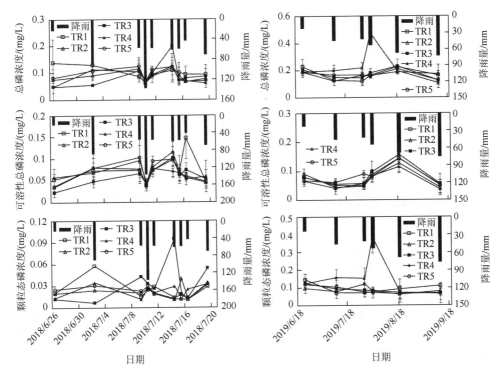

图 7-11　2018～2019 年同花村地表径流磷素养分流失浓度

总磷和颗粒态磷的变化趋势是一致的；2019 年总磷的变化趋势与颗粒态磷的变化趋势是一致的，尤其是 TR4 处理。

　　图 7-12 表示的是 2018～2019 年同花村地表径流磷养分流失量。从图中可以看出，2018 年总磷流失量最大的处理在 6、7 月份及全年 TR2 和 TR4 都比较低，TR2 和 TR4 全年流失量分别为 0.41 kg/hm^2 和 0.38 kg/hm^2；而流失量最大的处理在 6 月份为 TR1，流失量为 0.04 kg/hm^2，在 7 月份和全年流失量最大的处理为 TR3，流失量分别为 0.49 kg/hm^2 和 0.51 kg/hm^2。2018 年颗粒态磷流失量最小的处理在 7 月份和全年都是 TR4 最低，全年流失量为 0.08 kg/hm^2，流失量最大的处理为 TR3，全年流失量为 0.13 kg/hm^2。2018 年同花村农田地表径流总磷流失形式主要是可溶性磷，占比为 70.46%～92.84%。2019 同花村地表径流总磷流失量在 7、8、9 三个月，以及全年流失量最大的处理都为 TR1，8、9 月份总磷流失量最低的处理为 TR4。TR1 处理全年总磷流失量为 0.46 kg/hm^2，TR2 和 TR4 流失量都比较小，分别为 0.35 kg/hm^2 和 0.37 kg/hm^2。2019 年颗粒态磷为总磷的主要流失形式，占比为 40.98%～90.44%。

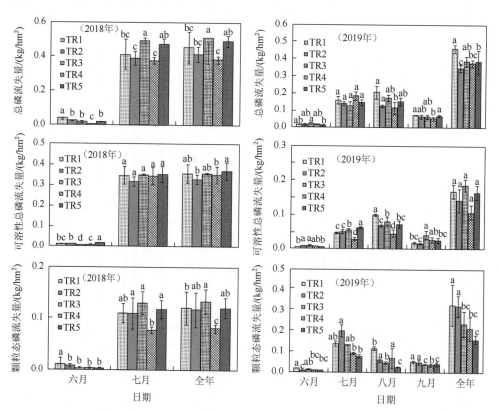

图 7-12　2018～2019 年同花村地表径流磷养分流失量

7.6　持续性秸秆还田与减施化肥对水稻产量和氮磷径流流失的影响

7.6.1　不同施肥方式对水稻产量与养分累积量的影响

由图 7-13 可知,在连续秸秆还田定位试验中,2018~2020 年水稻产量达到 9.39~14.92 t/hm²,秸秆产量达到 10.77~15.96 t/hm²。2018 年,与 T1 相比,T2 水稻产量降低 6.59%。2020 年,与 T1 相比,T2 显著提高水稻产量,增幅为 16.93%。由此可见,随着秸秆还田年限的增加,T2 可达到显著的增产效果,适当减少氮肥和磷肥可以保证水稻产量。

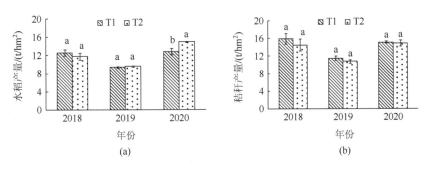

图 7-13　2018~2020 年水稻产量(a)和秸秆产量(b)

T1:常规施肥;T2:减氮减磷 + 秸秆还田处理

根据表 7-13 可知,随着秸秆还田年限的增加,T2 处理籽粒中氮素和磷素累积量均高于 T1 处理。2020 年,T2 处理籽粒中氮素和磷素累积量分别高于 T1 1.82% 和 4.62%,但秸秆中氮素和磷素累积量均低于 T2 处理。三年间 T1 处理的水稻地上部氮素和磷素累积量均值为 143.95 kg/hm² 和 33.90 kg/hm²。与 T1 相比,T2 处理的水稻地上部氮素和磷素累积量分别降低 4.25% 和 6.78%(姚莉等,2022)。

表 7-13　2018~2020 年水稻不同部位养分累积量

| 年份 | 处理 | 氮素累积量/(kg/hm²) | | | 磷素累积量/(kg/hm²) | | |
		秸秆	籽粒	地上部	秸秆	籽粒	地上部
2018	T1	65.48±1.34a	87.15±3.67a	152.63±8.61a	9.69±0.65a	25.73±3.02a	35.42±3.09a
	T2	58.79±2.99b	79.19±3.50b	137.98±3.05b	8.76±0.55a	24.85±0.31a	33.61±1.74a

续表

年份	处理	氮素累积量/(kg/hm²)			磷素累积量/(kg/hm²)		
		秸秆	籽粒	地上部	秸秆	籽粒	地上部
2019	T1	47.29±4.01a	71.40±6.09a	118.69±8.13a	7.87±1.26a	19.05±1.22b	26.92±1.97a
	T2	39.67±2.81b	79.56±0.95a	119.23±5.23a	5.71±0.40b	21.16±0.72a	26.87±0.94a
2020	T1	64.25±5.80a	96.27±5.87a	160.52±4.23a	10.17±1.27a	29.19±0.54a	39.36±1.01a
	T2	58.24±7.67a	98.02±2.28a	156.26±5.14a	10.01±1.21a	30.54±1.23a	40.55±1.14a

7.6.2　农田径流量及径流氮磷的质量浓度变化

2018~2020 年农田径流量如图 7-14 所示。三年间共发生径流 17 次，均发生在水稻季。T1 和 T2 的平均径流量分别为 731 m³/hm² 和 742 m³/hm²，累计径流量分别为 12419 m³/hm² 和 12619 m³/hm²，两种处理对每次产流事件的径流量和累计径流量无显著差异。

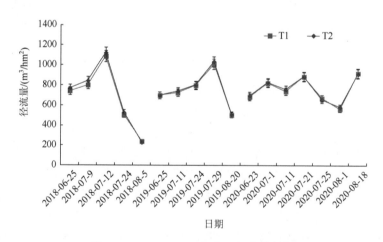

图 7-14　2018~2020 年农田径流量变化

2018~2020 年农田径流中氮浓度变化如图 7-15 所示。T1 处理径流中总氮和可溶性总氮平均浓度分别为 1.31 mg/L 和 1.09 mg/L，T2 处理总氮平均浓度比T1 增加 3.82%，可溶性总氮浓度降低 0.92%。农田径流中磷浓度变化见图 7-16，T1 处理径流中总磷和可溶性总磷平均浓度分别为 0.36 mg/L 和 0.27 mg/L，T2 处理总磷和可溶性总磷平均浓度较 T1 分别降低 5.56%和 3.70%。

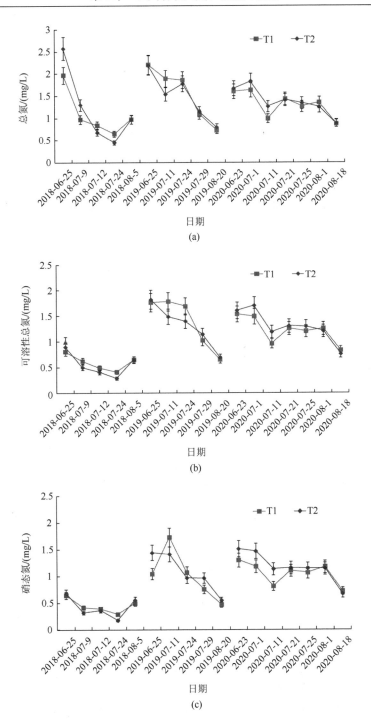

(a)

(b)

(c)

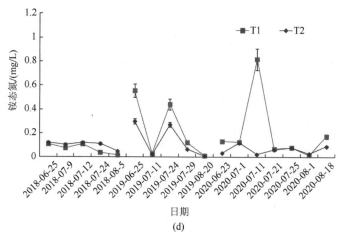

(d)

图 7-15　2018～2020 年农田径流中氮质量浓度变化

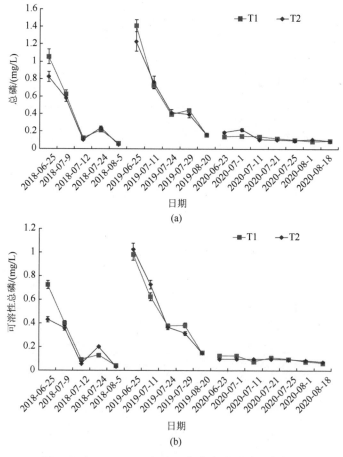

(a)

(b)

图 7-16　2018～2020 年农田径流中磷质量浓度变化

7.6.3　不同施肥方式对农田氮磷流失量及流失形态特征的影响

不同处理对径流中氮素 [总氮（TN）、可溶性总氮、硝态氮（NO_3^--N）和铵态氮（NH_4^+-N）] 流失量的影响见表 7-14。2018～2020 年间，各处理的总氮、可溶性总氮、NO_3^--N 和 NH_4^+-N 流失量分别为 3.74～7.31 kg/hm^2、1.87～6.41 kg/hm^2、1.53～6.22 kg/hm^2 和 0.29～0.89 kg/hm^2。径流中可溶性无机氮素输出以 NO_3^--N 的形态为主，最高占总氮流失量的 85.09%，NH_4^+-N 输出量较小，最高占 14.95%（表 7-15）。与 T1 相比，T2 的总氮流失量增加 6.25%～14.97%，可溶性总氮流失量降低 0.94%～6.03%，NO_3^--N 流失量增加 6.99%～15.03%。除 NO_3^--N 和 NH_4^+-N 之外，总氮的流失还有一部分以颗粒态流失，颗粒态氮占总氮的流失比例为 5.75%～56.51%。与 T1 相比，T2 处理颗粒态氮流失量增加 38.86%～203.13%。可见，秸秆还田减施化肥明显增加了径流中颗粒态氮的流失。

表 7-14　2018～2020 年农田径流中氮素和磷素的流失量　（单位：kg/hm^2）

年份	处理	总氮	可溶性总氮	硝态氮	铵态氮	总磷	可溶性总磷
2018	T1	3.74±0.18b	1.99±0.20a	1.53±0.35a	0.29±0.16a	1.55±0.07a	1.04±0.32a
	T2	4.30±0.19a	1.87±0.24a	1.76±0.21a	0.38±0.13a	1.39±0.05b	0.82±0.32a
2019	T1	5.57±0.40a	5.25±0.36a	3.86±0.22a	0.89±0.20a	2.36±0.12a	1.98±0.12a
	T2	6.01±0.22a	5.04±0.72a	4.13±0.82a	0.52±0.10b	2.25±0.83a	1.86±0.13a
2020	T1	6.88±0.18b	6.41±0.22a	5.52±0.23b	0.54±0.12a	0.63±0.07a	0.52±0.05a
	T2	7.31±0.20a	6.35±0.30a	6.22±0.34a	0.35±0.12a	0.57±0.16a	0.49±0.07a

表 7-15　2018～2020 年农田氮磷流失特征

年份	处理	占总氮流失量比例/%		占总磷流失量比例/%
		NO_3^--N /TN	NH_4^+-N /TN	TDP/TP
2018	T1	43.87±8.32a	7.40±2.95a	66.84±5.34a
	T2	34.02±6.19a	8.86±2.58a	58.14±3.23b
2019	T1	66.15±7.78a	14.95±5.67a	78.29±5.34b
	T2	70.37±2.84a	9.24±3.69a	87.86±3.82a
2020	T1	80.32±0.44b	7.82±1.82a	82.05±6.34a
	T2	85.09±2.15a	4.74±1.48b	73.16±9.67a

不同处理总磷流失量为 0.57～2.36 kg/hm^2，可溶性总磷流失量为 0.49～1.98 kg/hm^2，农田径流中可溶性总磷流失量占总磷流失量比例为 58.14%～87.86%。与 T1 相比，T2 的总磷流失量降低 4.66%～10.32%，可溶性总磷降低 5.77%～21.15%。

7.6.4 农田土壤养分及 pH 变化

由表 7-16 可知，本研究中农田土壤养分含量及 pH 对处理和年份的交互作用无显著响应（$P>0.05$）。就年际变化而言，农田土壤有机质含量、全氮含量和 pH 年际变化不显著（$P>0.05$），而全磷、速效磷、硝态氮、铵态氮含量的年际变化显著（$P<0.05$）。全磷的年际浮动范围为 $0.77\sim0.96$ g/kg，速效磷为 $15.53\sim31.17$ mg/kg，硝态氮为 $10.92\sim24.0$ mg/kg，铵态氮为 $0.51\sim6.07$ mg/kg（表 7-17）。就处理而言，T2 处理显著降低了土壤全磷和速效磷的含量，但对有机质、全氮、硝态氮、铵态氮和 pH 的影响不显著。

表 7-16 基于方差分析的农田土壤养分含量及 pH 对处理和年份的响应状况（2018～2020 年）

指标	处理		年份		处理×年份	
	F 值	P 值	F 值	P 值	F 值	P 值
有机质	0.23	0.64	2.90	0.09	0.06	0.94
全氮	0.22	0.65	2.44	0.13	0.02	0.98
全磷	9.01	<0.05	5.70	<0.05	0.22	0.80
硝态氮	0.56	0.47	12.00	<0.01	0.49	0.62
铵态氮	3.65	0.08	95.45	<0.01	1.12	0.36
速效磷	23.88	<0.01	8.14	<0.01	1.89	0.19
pH	0.36	0.56	0.38	0.69	0.11	0.89

表 7-17 2018～2020 年农田土壤养分含量及 pH 的动态变化

年份	处理	有机质/(g/kg)	全氮/(g/kg)	全磷/(g/kg)	硝态氮/(mg/kg)	铵态氮/(mg/kg)	速效磷/(mg/kg)	pH
2018	T1	45.43±3.13a	2.52±0.15a	0.96±0.05a	19.41±0.96a	3.01±0.77a	31.17±3.03a	7.09±0.40a
	T2	44.13±8.89a	2.48±0.49a	0.90±0.06a	21.17±4.54a	2.01±1.15a	20.13±5.48b	6.84±0.53a
2019	T1	52.20±4.29a	2.81±0.18a	0.92±0.06a	10.92±1.20a	0.54±0.19a	19.17±4.95a	6.94±0.50a
	T2	50.87±2.63a	2.72±0.06a	0.85±0.02b	11.25±0.46a	0.51±0.11a	15.53±0.90a	6.80±0.54a
2020	T1	46.40±4.07a	2.48±0.28a	0.88±0.08a	18.0±0.96b	6.07±0.61a	26.73±3.20a	7.21±0.33a
	T2	44.30±5.03a	2.43±0.20a	0.77±0.04b	24.0±1.47a	5.27±0.42a	16.77±1.20b	7.08±0.34a

第8章 稻田氨挥发特征及防控技术研究

8.1 四川盆地稻田氨挥发通量及影响因素

8.1.1 施氮量对氨挥发量的影响

从表 8-1 中可以看出,最佳施肥处理(N2)水稻产量最高,与不施肥处理有显著差异,增加施肥会造成水稻减产,但差异不显著。氨挥发量与施肥量呈显著正相关,相关系数达 0.9311(图 8-1),施肥越多,氨挥发越多。单位产量氨挥发量与施肥量也呈显著正相关,相关系数达 0.9402(图 8-1)。而氨挥发量占施肥量的比例差异不大,占施肥量的 14%~19%(林超文等,2015)。

表 8-1 施氮量对氨挥发量的影响(2012 年)

处理	水稻产量/(kg/hm²)	氨挥发量/(kg N/hm²)	氨挥发量占施肥量/%	单位产量氨挥发量/(kg/t)
N0	8490.74bB	6.68eD	—	0.79eE
N1	9876.58aA	22.05dC	13.66bA	2.23dD
N2	10153.68aA	32.66cBC	17.32abA	3.22cCD
N3	9887.33aA	35.92bcB	15.60abA	3.63cBC
N4	9960.36aA	44.58bB	16.85abA	4.48bB
N5	10020.18aA	63.13aA	18.82aA	6.30aA

注:试验设置 6 个处理,处理编号分别为 N0、N1、N2、N3、N4、N5。

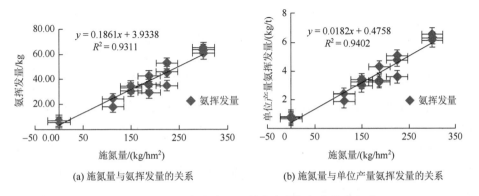

(a) 施氮量与氨挥发量的关系   (b) 施氮量与单位产量氨挥发量的关系

图 8-1 施肥量对氨挥发量和单位产量氨挥发量的影响

8.1.2　田面水温度和 pH 对氨挥发通量的影响

1. 白天光照条件下田面水温度和 pH 对氨挥发通量的影响

从表 8-2 中可以看出，在上午有光照条件下，田面水温度上升很快，氨挥发通量也急剧升高。氨挥发通量平均为 14.3 kg/(d·hm²)，与田面水温度和 pH 呈显著线性关系（图 8-2），相关系数分别达 0.9326 和 0.9387。

表 8-2　白天田面水温度和 pH 对氨挥发通量的影响（2012 年）

时间段	田面水温度/℃	田面水 pH	氨挥发通量/[kg/(d·hm²)]
8~10 点	18.15	8.25	6.18cC
10~12 点	30.83	8.74	12.08bB
16~18 点	33.50	8.83	16.51aAB
12~14 点	34.23	8.93	18.04aA
14~16 点	37.17	9.09	18.77aA

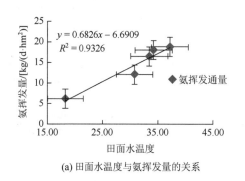
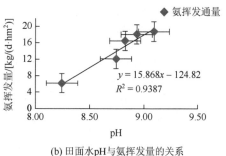

(a) 田面水温度与氨挥发量的关系　　(b) 田面水pH与氨挥发量的关系

图 8-2　白天田面水温度和 pH 对氨挥发通量的影响

2. 夜晚温度下降阶段田面水温度和 pH 对氨挥发通量的影响

从表 8-3 和图 8-3 中可以看出，在夜晚没有光照条件下，氨挥发通量平均为 3.44 kg/(d·hm²)，仅为白天的 24%。并且田面水温度与氨挥发通量呈二次函数关系，相关系数达 0.929。当田面水温度从 26.43℃开始下降时，氨挥发通量急剧下降，当温度降到 24℃左右时，氨挥发通量基本稳定，下降缓慢。而田面水 pH 与氨挥发通量还是呈线性相关，相关系数达 0.9307。

表 8-3　夜间田面水温度和 pH 对氨挥发通量的影响（2012 年）

时间段	田面水温度/℃	田面水 pH	氨挥发通量/[kg/(d·hm²)]
18～20 点	26.43	9.21	8.83aA
20～22 点	25.43	8.87	4.97bB
22～24 点	23.93	8.16	2.79cC
0～2 点	21.97	8.03	2.21cC
2～4 点	20.67	7.92	1.93cC
4～6 点	20.43	7.85	1.71cC
6～8 点	18.70	7.79	1.64cC

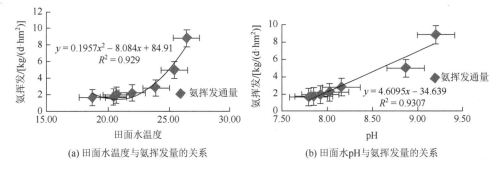

(a) 田面水温度与氨挥发量的关系　　　　(b) 田面水pH与氨挥发量的关系

图 8-3　夜间田面水温度和 pH 对氨挥发通量的影响

8.1.3　四川盆地稻田氨挥发通量日变化

从表 8-4 中可以看出，氨挥发主要发生在 10～18 点，占全天氨挥发通量的 68.4%，而夜间（20 点～次日 8 点）氨挥发较少，只占全天挥发量的 15.9%。8～10 点氨挥发通量是全天平均值的 77.54%，18～20 点的氨挥发通量是全天平均值的 110.12%，二者平均值是全天平均值的 93.83%，因此，这两个时段的平均氨挥发通量可以近似作为全天氨挥发通量平均值。

表 8-4　分时段氨挥发通量（2012 年）

时间段	氨挥发通量/[kg/(d·hm²)]	与日均氨挥发通量比例/%
8～10 点	6.18cdCD	77.54
10～12 点	12.08bB	153.28
12～14 点	18.46aA	228.70

时间段	氨挥发通量/[kg/(d·hm²)]	与日均氨挥发通量比例/%
14～16 点	18.35aA	228.85
16～18 点	16.51aA	207.29
18～20 点	8.83cBC	110.12
20～22 点	4.97deCDE	62.23
22～24 点	2.79efDE	35.47
0～2 点	2.21efDE	28.52
2～4 点	1.93efDE	24.72
4～6 点	1.71fE	22.04
6～8 点	1.64fE	21.11

氮肥用量对氨挥发的影响：在四川盆地稻田施用尿素后，通过 NH_3 挥发的氮损失比例较大，占施氮量的比例为 14%～19%，同时氮肥的施用显著增加了稻田 NH_3 挥发，因此，在保证稻谷生产的同时，需要通过适当地控制施氮量来减少稻田 NH_3 挥发。

氨挥发的影响因素：在同一天不同时间研究了田面水温度和 pH 对氨挥发通量的影响，发现田面水温度和 pH 与氨挥发通量显著相关，田面水温度和 pH 越高，氨挥发通量越大，说明可以通过秸秆覆盖等措施降低田面水温度实现对氨挥发的控制。

氨挥发的动态变化及最佳监测时间：8～10 点与 18～20 点两个时间段的氨挥发通量平均值和全天氨挥发通量平均值很一致，是测定氨挥发的最佳时间，氨挥发主要发生在 10～18 点之间，超过全天挥发量的 2/3，而夜间氨挥发量较少，因此，控制氨挥发应主要控制白天氨挥发。

8.2 施氮量和田面水含氮量对紫色土丘陵区稻田氨挥发的影响

8.2.1 NH₃ 挥发通量

施肥后各施氮量处理下稻田 NH_3 挥发具有相似的动态变化趋势，均表现为在施肥后的 1～3 天内 NH_3 挥发通量迅速增加，在第 3 天达到峰值，随后逐日降低，在施肥后的第 16 天各处理 NH_3 挥发通量均已降到 2 kg/(d·hm²) 以下的较小值（图 8-4）。在峰值期，各处理 NH_3 挥发通量按从大到小的顺序排列为 N4[25.9 kg/(d·hm²)]＞

N1[24.5 kg/(d·hm²)] ＞ N3[21.6 kg/(d·hm²)] ＞ N2[17.5 kg/(d·hm²)] ＞ N0[4.4 kg/(d·hm²)]（黄晶晶等，2014）。N0 在各个取样期内 NH₃ 挥发通量均较低。除峰值期外，各处理的变化均表现为 NH₃ 挥发通量随施氮量的增加而增加。

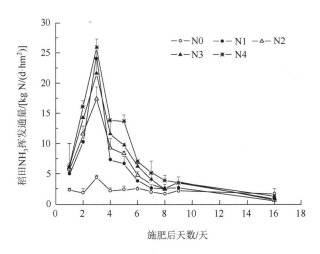

图 8-4　2012 年不同氮肥处理下稻田 NH₃ 挥发通量

8.2.2　NH₃ 挥发总量

NH₃ 挥发总量为取样时期内 NH₃ 挥发通量对时间的累积。由表 8-5 可以看出，各处理的 NH₃ 挥发总量随施氮量的增加而增加。如图 8-5 所示，本研究条件下稻田 NH₃ 挥发总量与施氮量的关系可以用直线方程进行拟合：$y = 0.3123x + 24.7129$（$R^2 = 0.9166$）。各施氮肥处理的 NH₃ 挥发总量均显著高于 N0（$P < 0.05$）。N1 与 N2 具有相近的 NH₃ 挥发总量，除 N2 外其余各施氮肥处理的 NH₃ 挥发总量差异均达到 $P < 0.05$ 显著差异水平（表 8-5）。

表 8-5　2012 年不同氮肥处理下稻田 NH₃ 挥发总量及其占施氮量的百分数

处理	NH₃ 挥发总量/(kg N/hm²)	NH₃ 挥发量占施氮量的百分数/%
N0	23.4d	—
N1	66.1c	38.0a
N2	67.5bc	29.4b
N3	80.5b	30.5b
N4	96.9a	32.7b

本研究条件下稻田 NH_3 挥发总量占施氮量的比例为 29.4%～38.0%，均处于较高水平。其原因可能是采用了该地区所有肥料一次施入的常规习惯施肥方式。在 4 个氮肥梯度中，N1（112.5 kg N/hm^2）NH_3 挥发总量占施氮量的百分数最高，显著高于其他处理（表 8-5）。

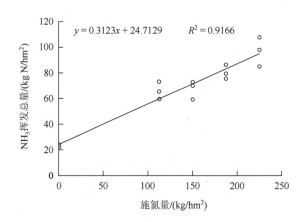

图 8-5　2012 年 NH_3 挥发总量与施氮量的关系

8.2.3　稻田田面水含氮量

1. 稻田田面水 NH_4^+-N 和 NO_3^--N 浓度

图 8-6 显示了施肥后稻田田面水 NH_4^+-N （a）和 NO_3^--N （b）浓度随时间的变化规律。如图 8-6（a）所示，施肥后稻田田面水 NH_4^+-N 浓度具有与 NH_3 挥发通量类似的变化趋势。施肥后田面水 NH_4^+-N 浓度迅速提高，在第 3 天（N1 为第 2 天）达到峰值，随后逐渐降低，在第 9 天降到 5 mg/L 以下的较低值。各处理峰值期的田面水 NH_4^+-N 浓度按照从大到小的顺序排列为 N4（39.2 mg/L）＞N3（34.9 mg/L）＞N2（24.3 mg/L）＞N1（18.8 mg/L）＞N0（1.2 mg/L）。N0 在各个取样期内田面水 NH_4^+-N 浓度均较低。各处理的变化均表现为田面水 NH_4^+-N 浓度随施氮量的增加而增加［图 8-6（a）］。

由图 8-6（b）可知，由于处于淹水的厌氧条件，在整个观测期稻田田面水 NO_3^--N 浓度一直处于较低水平。随着时间的推移，田面水层逐渐变浅，厌氧条件也随之渐渐被破坏，使田面水 NO_3^--N 浓度呈现上升的趋势。以施肥后的第 5 天为转折点，各处理的田面水 NO_3^--N 浓度表现出不同的变化趋势：N4 在所有处理中 NO_3^--N 浓度最高，并且在施肥第 5 天以后仍处于上升状态；N1、N2 和 N3 则在施肥第 5 天后有不同程度的下降。

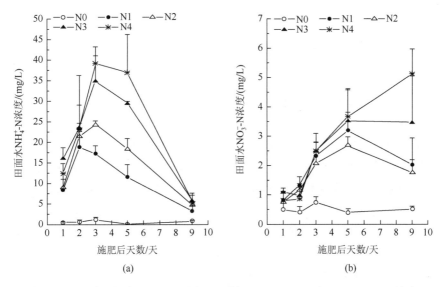

图 8-6　2012 年不同氮肥处理下稻田田面水 NH_4^+-N （a）和 NO_3^--N （b）浓度

2. 稻田田面水可溶性氮和总氮浓度

施肥后稻田田面水可溶性氮和总氮浓度随时间的变化规律见图 8-7 （a）、图 8-7 （b）。如图 8-7 （a）所示，各施氮肥处理田面水可溶性氮浓度具有较一致的随时间变化规律：在施肥后可溶性氮浓度即达到最高值，随时间的推移田面水可溶性氮浓度逐渐下降，N3 和 N4 的可溶性氮浓度在第 3 天略有上升，以后各处

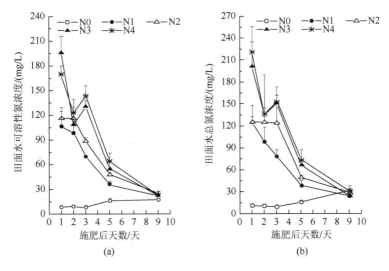

图 8-7　2012 年不同氮肥处理下稻田田面水可溶性氮（a）和总氮（b）浓度

理可溶性氮浓度均迅速下降，在第 9 天降到较低值。各处理峰值期的田面水可溶性氮浓度按照从大到小的顺序排列为 N3（196.2 mg/L）＞N4（169.9 mg/L）＞N2（116.5 mg/L）＞N1（106.4 mg/L）＞N0（17.2 mg/L）。N0 在各个取样期内田面水可溶性氮浓度均较低。施肥第 2 天后，各处理的变化均表现为田面水可溶性氮浓度随施氮量的增加而增加 [图 8-7（a）]。

从图 8-7（b）可以看出，田面水总氮浓度随时间的变化规律与可溶性氮浓度的变化规律基本一致。施氮肥后田面水总氮立即达到最高值，随时间的推移田面水总氮浓度整体逐渐下降，在第 9 天降到较低值。各处理峰值期的田面水总氮浓度按照从大到小的顺序排列为 N4（220.8 mg/L）＞N3（201.2 mg/L）＞N2（125.9 mg/L）＞N1（124.2 mg/L）＞N0（31.5 mg/L）。N0 在各个取样期内田面水总氮浓度均较低。各处理的变化均表现为田面水总氮浓度随施氮量的增加而增加 [图 8-7（b）]。

8.2.4 田面水含氮量对稻田 NH_3 挥发的影响

如表 8-6 所示，田面水含氮量的各项指标：NH_4^+-N、NO_3^--N、可溶性氮和总氮浓度与稻田 NH_3 挥发通量均存在相关关系。田面水 NH_4^+-N 浓度与稻田 NH_3 挥发通量具有一致的随时间变化规律。在本研究中的所有田面水含氮量指标中，NH_4^+-N 浓度与 NH_3 挥发通量的相关关系最为显著。施肥后的第 1、2、3、5、9 天，NH_4^+-N 浓度与 NH_3 挥发通量间均呈极显著相关。田面水可溶性氮和总氮浓度与 NH_3 挥发通量也存在较明显的相关关系，在施肥后的第 1、2、3、5 天均呈极显著相关。田面水 NO_3^--N 浓度与 NH_3 挥发通量仅在施肥后的第 3 天和第 5 天存在相关性，在其他时期内相关性均不显著。

表 8-6 稻田 NH_3 挥发与田面水 NH_4^+-N、NO_3^--N、可溶性氮和总氮的相关性（2012 年）

		施肥后天数				
		1	2	3	5	9
NH_4^+-N	M	$y=0.232x+2.947$	$y=0.412x+3.602$	$y=0.460x+8.042$	$y=0.283x+2.170$	$y=0.250x+2.136$
	R^2	0.5741***	0.5991***	0.4463**	0.9269***	0.5179**
NO_3^--N	M	$y=2.539x+3.063$	$y=5.529x+5.542$	$y=9.521x-0.606$	$y=2.009x+2.747$	$y=0.208x+2.606$
	R^2	0.1722	0.1206	0.5487**	0.4400**	0.1940
可溶性氮	M	$y=0.019x+2.830$	$y=0.083x+3.233$	$y=0.135x+6.875$	$y=0.207x-0.859$	$y=0.105x+0.835$
	R^2	0.5942***	0.5732***	0.4838**	0.8412***	0.1931
总氮	M	$y=0.016x+2.848$	$y=0.090x+1.675$	$y=0.114x+7.016$	$y=0.174x-0.311$	$y=-0.040x+4.261$
	R^2	0.5453**	0.7512***	0.4472**	0.8813***	-0.0034

注：M 为相关性方程，R^2 为相关系数。*$P<0.05$ 显著性差异水平，**$P<0.01$ 显著性差异水平，***$P<0.001$ 差异水平。

稻田 NH_3 挥发量占施氮量的比例：稻田施用尿素后，本研究 NH_3 挥发的氮损失占施氮量的比例较高，可能与紫色土丘陵区土壤为岩性土和土壤较高的 pH 有关。此外，较高的 NH_3 挥发比例还与该地区水稻生产中全部氮肥作为基肥一次性施用的施肥习惯有关。氮肥施用后田面冠层较小，一方面增加了 NH_3 挥发的面积，另一方面水稻对氮素的吸收能力尚不强，导致 NH_3 挥发的损失机会增大。因此，需要进一步研究确定紫色土丘陵区稻田氮肥施用量的阈值，在保证水稻产量的同时减少 NH_3 挥发。

稻田 NH_3 挥发与施氮量：稻田 NH_3 挥发总量与施氮量之间具有显著的相关性（$R^2 = 0.9166$）。可能与本研究中氮肥梯度的间隔较小有关。拟合的曲线模型虽然不同，但均揭示了 NH_3 挥发随施氮量增加而增加的规律。因此，在保证稻谷产量的同时，需要通过适当地控制施氮量来减少稻田 NH_3 挥发。

稻田 NH_3 挥发与田面水含氮量：田面水含氮量的4个指标：$NH_4^+\text{-}N$、$NO_3^-\text{-}N$、可溶性氮和总氮浓度中与 NH_3 挥发相关性最强的指标是 $NH_4^+\text{-}N$ 浓度，在整个观测期内其相关系数均达到极显著水平。而且 $NH_4^+\text{-}N$ 浓度与 NH_3 挥发具有一致的随时间变化规律。NH_3 挥发与田面水可溶性氮和总氮浓度也具有较好的相关性。从分析田面水可溶性氮和总氮浓度的变化规律可以发现，田面水可溶性氮和总氮浓度在施氮肥后立即达到最大值，在田间淹水条件下为 NH_4^+ 的快速积累提供了底物条件，对 NH_3 挥发有促进作用。较高的施氮量是导致稻田田面水 $NH_4^+\text{-}N$、可溶性氮和总氮浓度升高的直接原因。紫色土丘陵区水稻生产中全部氮肥作为基肥一次性施用，大量氮肥投入使田面水含氮量迅速升高，促进了稻田 NH_3 挥发。因此，改进施肥技术，如化肥与有机肥配施、采用缓控释肥料、根据水稻需氮规律合理运筹等降低施肥后田面水含氮量，尤其是 NH_4^+ 浓度将有利于减少稻田 NH_3 挥发。

8.3　不同施氮量对紫色土大白菜季产量和氨挥发的影响

8.3.1　不同施氮水平对大白菜产量与氮素吸收利用的影响

不同氮水平处理的大白菜产量和氮素吸收利用见表 8-7，随着施氮量的增加，2012 年大白菜产量显著增加，2013 年不施氮处理大白菜产量显著低于施氮处理，但是施氮处理之间大白菜产量差异不显著。大白菜氮素吸氮量与产量变化趋势一致，随着施氮量增加，氮素吸收增加。2012 年和 2013 年 N3 处理大白菜产量分别为 4362.8 kg/hm² 和 4261.0 kg/hm²，氮素吸收分别为 121.3 kg/hm² 和 105.5 kg/hm² 高于 N0、N1 和 N2 处理，但与 N4 和 N5 处理差异不显著。氮肥利用率随着氮肥施用量的增加呈先降低后增加再降低的趋势，以 N3 处理氮肥利用率较高，说明当施氮量超过 187.5 kg N/hm² 后，大白菜的产量和吸氮量增加量不再显著，氮肥利用率降低，特别是 2013 年 N5 处理大白菜产量和氮素吸收量均有明显降低趋势，说明 187.5 kg N/hm² 处理是适宜的氮肥用量（罗付香等，2018）。

表 8-7 氮素水平对大白菜产量及氮素吸收利用的影响

处理	施氮量/(kg N/hm²)	2012产量/(kg/hm²)	2013 产量/(kg/hm²)	2012 吸氮量/(kg/hm²)	2013 吸氮量(kg/hm²)	氮肥利用率/%
N0	0	1846.4e	1278.8b	43.1d	31.2c	—
N1	112.5	3755.9bc	3730.1a	109.2b	105.3ab	19.4
N2	150	3616.9cd	3577.4a	111.3b	85.2b	13.6
N3	187.5	4362.8ab	4261.0a	121.3ab	105.5ab	14.7
N4	225	4174.9abc	4284.8a	136.2a	123.4a	11.9
N5	300	4531.2a	4222.1a	142.6a	86.9b	9.4

注：每列不同字母表示存在显著性差异，通过 LSD<0.05 检验。

8.3.2 不同施氮水平下氨挥发损失速率的动态变化

大白菜地不同氮水平施用基肥后与追肥后的氨挥发速率变化规律差异较大，如图 8-8 所示。施用基肥后氨挥发速率经历一个先上升至最大值，然后下降的过程，且氨挥发速率随着施氮量的增加而增加，2012 年在施基肥后第 9 天达到最高值，其中 N0 至 N5 处理第 9 天氨挥发速率分别为 0.02 kg N/(hm²·d)、0.38 kg N/(hm²·d)、0.52 kg N/(hm²·d)、1.15 kg N/(hm²·d)、2.02 kg N/(hm²·d)、2.50 kg N/(hm²·d)；2013 年施用基肥后在第 5 天达到最高值，其中 N0 至 N5 处理第 5 天氨挥发速率分别为 0.11 kg N/(hm²·d)、0.75 kg N/(hm²·d)、1.46 kg N/(hm²·d)、1.62 kg N/(hm²·d)、2.33 kg N/(hm²·d)、3.71 kg N/(hm²·d)。追肥后氨挥发速率远低于施基肥后，氨挥发速率与施氮量之间的相关性也低于施基肥后，2012 年在追肥后的第 3 天氨挥发速率达到一个极大值，其中 N0 至 N5 处理氨挥发第 3 天氨挥发速率分别为 0.01 kg N/(hm²·d)、0.02 kg N/(hm²·d)、0.03 kg N/(hm²·d)、0.02 kg N/(hm²·d)、0.06 kg N/(hm²·d)、0.07 kg N/(hm²·d)，在第 5、6 天降低至极小值点，第 8 天回升至极大值后氨挥发逐步降低；2013 年追肥后的氨挥发速率相对平稳。

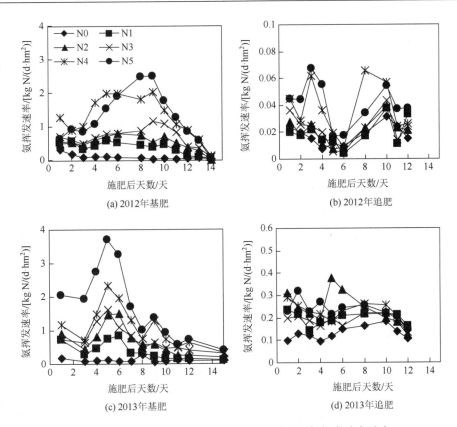

图 8-8   大白菜地不同氮水平施用基肥和追肥后氨挥发速率动态

8.3.3   不同施氮水平对氨挥发的影响

1. 不同施氮水平对氨挥发总量的影响

不同施氮量处理大白菜地施用基肥和追肥后的氨挥发总量差异显著，如表 8-8 所示。2012 年和 2013 年施用基肥后的氨挥发总量要远大于追肥后的总量，施用基肥后的氨挥发总量介于 1.08～23.58 kgN/hm²，追肥后的氨挥发总量介于 0.21～2.93 kgN/hm²。氨挥发总量随着施氮量的增加而增加，N5 处理对应的 2012 基肥、2012 追肥、2013 基肥和 2013 追肥分别为 18.55 kgN/hm²、0.48 kgN/hm²、23.58 kgN/hm² 和 2.83 kgN/hm²，分别为 N0 处理 17.2 倍、2.3 倍、14.7 倍和 1.7 倍。综合基肥和追肥氨挥发总量，N0 至 N5 处理紫色土大白菜地单季氨挥发损失量，分别为 2.27 kgN/hm²、6.53 kgN/hm²、9.81 kgN/hm²、11.20 kgN/hm²、18.48 kgN/hm² 和 22.72 kgN/hm²。

表 8-8　大白菜地不同氮水平施用基肥和追肥后氨挥发损失氮总量（单位：kgN/hm^2）

氮处理	2012 基肥	2012 追肥	2013 基肥	2013 追肥	单季氨挥发损失量
N0	1.08d	0.21b	1.61e	1.64c	2.27e
N1	5.18c	0.22ab	5.24d	2.42ab	6.53d
N2	7.28bc	0.25ab	9.17c	2.93b	9.81c
N3	9.54b	0.27ab	10.29c	2.3ab	11.20c
N4	18.64a	0.47a	15.07b	2.78ab	18.48b
N5	18.55a	0.48a	23.58a	2.83a	22.72a

注：每列不同字母表示存在显著性差异，通过 LSD＜0.05 检验。

2. 不同施氮水平对大白菜单位产量氨挥发量的影响

不同氮水平处理的大白菜产量和氨挥发量如表 8-9 和图 8-9 所示，氨挥发占施肥量比例随着施氮量增加而增加，从 N1 处理的 1.90% 逐渐提高至 N5 处理的 3.41%。单位产量氨挥发量随着施氮量增加而增加，从 N0 处理的 0.73 kgN/t 升高至 N5 处理的 2.60 kgN/t。无论是氨挥发总量、氨挥发占施肥量比例还是单位产量氨挥发量，均随着施氮量增加而增加，但施氮量低于 187.5 kgN/hm^2 时，增加速率要明显低于施氮量超过 187.5 kgN/hm^2 后。

表 8-9　不同氮素水平大白菜产量及氨挥发量（2012～2013 年）

处理	施氮量/(kg N/hm^2)	氨挥发量占施肥量/%	单位产量氨挥发量/(kgN/t)
N0	0	—	0.73
N1	112.5	1.90	0.87
N2	150	2.52	1.36
N3	187.5	2.38	1.30
N4	225	3.60	2.18
N5	300	3.41	2.60

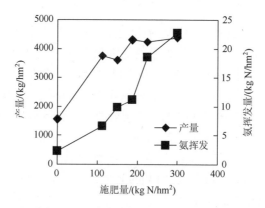

图 8-9　不同施氮量下大白菜产量和氨挥发量（2012～2013 年）

8.3.4　土壤温度与氨挥发量的关系

大白菜不同氮水平基肥和追肥后氨挥发测定时期土壤温度均值如表 8-10 所示。各个氮水平处理之间的温度差异并不显著。不同施肥时间的温度差异较大，基肥施用时间在 9 月和 10 月，因此温度相对较高，在 19～20℃；追肥时间在 11 月和 12 月，因此温度偏低，2012 年追肥后平均温度大致为 10.5℃，2013 年大致为 13.5℃。氨挥发与施氮量和温度之间的相关系数见表 8-11。

表 8-10　大白菜不同氮水平基肥和追肥后氨挥发测定时期土壤温度均值

氮处理	2012 基肥温度/℃	2012 追肥温度/℃	2013 基肥温度/℃	2013 追肥温度/℃
N0	19.2a	10.4a	19.2a	13.5a
N1	19.4a	10.4a	19.7a	13.3a
N2	19.3a	10.3a	19.8a	13.1a
N3	19.5a	10.6a	19.8a	13.5a
N4	19.5a	10.5a	20.0a	13.3a
N5	19.4a	10.0a	20.0a	13.3a

注：每列不同字母表示存在显著性差异，通过 LSD＜0.05 检验。

表 8-11　氨挥发与施氮量和温度之间的相关系数

相关系数	施氮量/(kg/hm²)	温度/℃
氨挥发	0.498*	0.703**

紫色土地区大白菜施肥和生长时间位于冬季，温度偏低，氨挥发总量低于常见作物水稻、小麦和玉米等作物。施肥量（N_{Fer}）和温度（T）是影响紫色土大白菜地氨挥发（N_A）的最重要因素，回归方程为 $N_A = -18.041 + 0.035N_{Fer} + 1.159T$，$R^2 = 0.73$。四川紫色土大白菜种植推荐每次施肥量 187.5 kgN/hm²，该施肥量时氨挥发占施氮量的比例为 2.38%，单位产量的氨挥发量为 1.30 kgN/t，相比更低氮肥投入量处理增量并不是很大，具有最佳的大白菜产量和环境综合效益。

8.4　有机、无机肥配施对川中紫色土丘陵区稻田氨挥发的影响

8.4.1　不同有机肥替代处理的田间 NH_3 挥发通量

图 8-10 表示的是不同有机肥替代处理对稻田 NH_3 挥发通量的影响。在施入肥料后，各处理的 NH_3 挥发通量均会明显增强，峰值出现在施肥后的第 3 天，后呈

现逐步下降，第 10 天后各处理均与空白处理无显著差异（图 8-10）。随着有机肥替代比例的增加，NH_3 挥发通量明显降低。在峰值期，各处理 NH_3 挥发通量按从大到小的顺序排列为：T1[13.03 kgN/(hm²·d)] > T2[10.01 kgN/(hm²·d)] > T3[8.63 kgN/(hm²·d)] > T4[4.16 kgN/(hm²·d)] > T0[0.30 kgN/(hm²·d)]（张奇等，2021）。

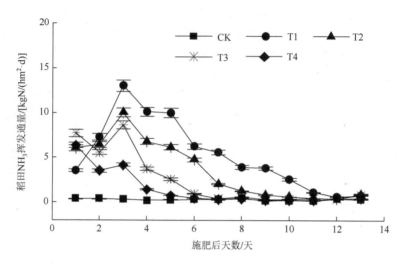

图 8-10　不同有机肥替代处理下稻田 NH_3 挥发通量（2020 年）

CK 为空白对照；T1 为单施化肥；T2 为施 30%有机肥、70%化肥；T3 为施 70%有机肥、30%化肥；T4 为施 100%有机肥；下同

8.4.2　不同有机肥替代处理的田间 NH_3 挥发总量

不同处理施肥后的 NH_3 挥发总量为取样时间内 NH_3 挥发通量对时间的积累，由表 8-12 可以看出，各处理的 NH_3 挥发总量是 3.93～68.54 kg/hm²。与纯尿素处理 T1 相比，随着有机肥替代比例的增加，NH_3 挥发总量减少 21.77～49.55 kg/hm²，其中 T3、T4 处理累积 NH_3 挥发量比 T1 处理分别降低 52.66%和 72.29%，有显著性差异。不同处理 NH_3 挥发总量占施氮量的比例为 10.04%～43.07%，与纯尿素处理 T1 相比，随着有机肥替代比例的增加，NH_3 挥发总量占施氮量的比例显著减少。可见，在相同施氮水平下，有机无机肥配施能有效降低 NH_3 挥发损失。

表 8-12　不同施肥处理下稻田 NH_3 挥发总量及其占施氮量的百分数（2020 年）

处理	NH_3 挥发总量/(kg/hm²)	NH_3 挥发总量占施氮量的百分数/%
T0	3.93d	—
T1	68.54a	43.07a
T2	46.77ab	28.56ab

续表

处理	NH$_3$ 挥发总量/(kg/hm^2)	NH$_3$ 挥发总量占施氮量的百分数/%
T3	32.45b	19.01b
T4	18.99c	10.04c

注：T0 为不施氮肥；T1 为常规施尿素；T2 为有机肥 30%替代尿素；T3 为有机肥 70%替代尿素；T4 为有机肥 100%替代尿素。NH$_3$ 挥发总量为三次重复的平均值。每列不同字母表示存在显著性差异，通过 LSD 检验，$P<0.05$。

8.4.3　不同有机肥替代处理的田面水含氮量

如图 8-11（a）所示，对于 T1 和 T2，施肥后田面水 NH$_4^+$-N 浓度迅速提高，在第 4 天达到峰值，随后逐渐降低，在第 10 天降到 5 mg/L 以下的较低值。对于 T3 和 T4，施肥后第 1 天田面水 NH$_4^+$-N 即达到峰值，随后逐渐降低，在第 7 天降到 4 mg/L 以下的较低值。各处理峰值期的田面水 NH$_4^+$-N 浓度按照从大到小的顺序排列为 T4（35.66 mg/L）＞T3（32.67 mg/L）＞T1（26.97 mg/L）＞T2（19.37 mg/L）＞T0（0.44 mg/L）。

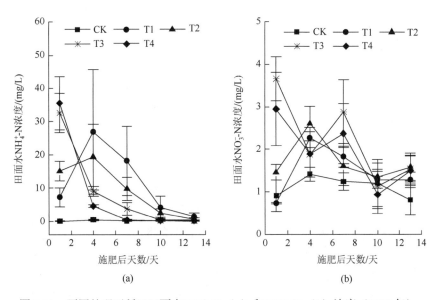

图 8-11　不同处理下稻田田面水 NH$_4^+$-N （a）和 NO$_3^-$-N （b）浓度（2020 年）

由图 8-11（b）可知，由于处于淹水的厌氧条件，在整个观测期稻田田面水 NO$_3^-$-N 浓度一直处于较低水平。这是因为尿素水解产生的 NH$_4^+$-N 通过硝化作用生成 NO$_3^-$-N，而在淹水条件下硝化作用很弱。此外，NH$_4^+$-N 浓度随着水稻吸收、NH$_3$ 挥发和淋失等作用逐渐减低，导致田面水中的 NO$_3^-$-N 浓度较低。

如图 8-12（a）所示，施肥后各处理田面水可溶性氮浓度即达到最高值，随时间的推移田面水可溶性氮浓度迅速下降，在第 10 天降到较低值。各处理峰值期的田面水可溶性氮浓度按照从大到小的顺序排列为 T1（157.85 mg/L）＞T2（129.19 mg/L）＞T3（99.83 mg/L）＞T4（44.32 mg/L）＞T0（2.48 mg/L），T0 在各个取样期内田面水可溶性氮浓度均较低。由图 8-12（b）可知，田面水总氮浓度随时间的变化规律与可溶性氮浓度的变化规律基本一致。各处理峰值期的田面水总氮浓度按照从大到小的顺序排列为 T1（166.65 mg/L）＞T2（142.34 mg/L）＞T3（108.68 mg/L）＞T4（46.86 mg/L）＞T0（2.65 mg/L）。可见，有机肥替代无机肥处理能有效降低田面水中可溶性氮和总氮浓度，从而降低氮素流失的风险。

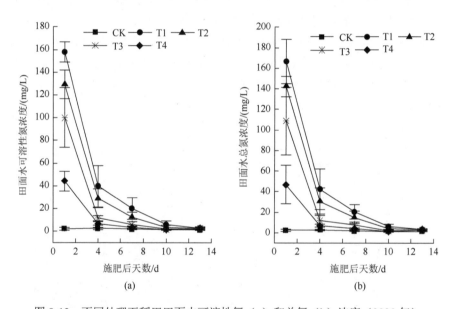

图 8-12　不同处理下稻田田面水可溶性氮（a）和总氮（b）浓度（2020 年）

8.4.4　稻田 NH_3 挥发与田面水氮形态的相关性

本研究分析不同施肥处理稻田 NH_3 挥发通量与田面水 NH_4^+-N 、 NO_3^--N 、可溶性氮和总氮的相关性，结果见表 8-13。各处理稻田 NH_3 挥发通量与田面水 NH_4^+-N 浓度呈现正相关关系，其相关系数均达到显著水平。对于处理 T3 和 T4，NH_3 挥发通量与田面水可溶性氮和总氮浓度具有较好的正相关性；但 T1 和 T2 处理的 NH_3 挥发通量与田面水可溶性氮和总氮浓度没有相关性。这与 T3 和 T4 处理中田面水可溶性氮、总氮浓度与 NH_4^+-N 变化趋势一致有关。可见，田面水 NH_4^+-N 浓度是影响 NH_3 挥发极为重要的因素。

表 8-13　不同施肥处理稻田 NH_3 挥发通量与田面水 NH_4^+-N 、 NO_3^--N 、可溶性氮和总氮的相关性（2020 年）

氮形态	处理			
	T1	T2	T3	T4
NH_4^+-N	$y = 0.72449 + 0.32662x$ $R^2 = 0.94396^{**}$	$y = -0.03123 + 0.34995x$ $R^2 = 0.88481^{*}$	$y = 0.51265 + 0.22688x$ $R^2 = 0.92147^{**}$	$y = 0.4732 + 0.08764x$ $R^2 = 0.92878^{**}$
NO_3^--N	$y = -2.60802 + 4.80854x$ $R^2 = 0.50173$	$y = -3.18756 + 3.7622x$ $R^2 = 0.2282$	$y = -2.18193 + 2.15215x$ $R^2 = 0.32304$	$y = -1.37435 + 1.32906x$ $R^2 = 0.40453$
可溶性氮	$y = 4.32244 + 0.00414x$ $R^2 = -0.32586$	$y = 1.96906 + 0.03736x$ $R^2 = 0.28661$	$y = 0.90858 + 0.0698x$ $R^2 = 0.82489^{*}$	$y = 0.32979 + 0.07354x$ $R^2 = 0.91669^{**}$
总氮	$y = 4.32324 + 0.00391x$ $R^2 = -0.32589$	$y = 1.98529 + 0.03355x$ $R^2 = 0.27193$	$y = 0.90457 + 0.06399x$ $R^2 = 0.81609^{*}$	$y = 0.32021 + 0.0697x$ $R^2 = 0.91187^{**}$

*和**分别表示在 $P<0.05$、$P<0.01$ 水平显著相关。

8.4.5　不同有机肥替代处理对水稻产量的影响

由表 8-14 可知，各处理水稻产量按照从高到低的顺序排列为 T2（6649.82 kg/hm²）>T1（6390.08 kg/hm²）>T3（6262.74 kg/hm²）>T4（5415.97 kg/hm²）>T0（4368.23 kg/hm²）。T0 处理产量最低，T2 处理产量最高，较 T0 增产 52.23%，较常规施肥 T1 增产 4.06%；其次为 T1 处理，较 T0 增产 46.28%。可见，当有机肥替代无机氮肥比例过高时，水稻产量会减少，用 30% 有机肥替代无机肥有增产效果。

表 8-14　不同施肥处理的水稻产量（2020 年）

处理	水稻产量/(kg/hm²)	增产率/%
T0	4368.23c	—
T1	6390.08a	46.28
T2	6649.82a	52.23
T3	6262.74ab	43.37
T4	5415.97b	23.99

注：水稻产量为三次重复的平均值。每列不同字母表示存在显著性差异，通过 LSD 检验，$P<0.05$。

川中紫色土丘陵区域水稻田施肥后，较高 NH_3 挥发通量持续在 10 天之内。在整个监测期间，NH_3 挥发累积量为 18.99～68.54 kg/hm²，占氮肥施用量的 10.04%～43.07%。与常规施肥即纯尿素处理相比，随着有机肥替代比例的增加，NH_3 挥发总量减低 21.77～49.55 kg/hm²。综合考虑环境、经济效益等因素，川中紫色土丘陵区域水稻田有机肥替代化肥适宜比例为 30%，既可促使水稻的增产或稳产、降低成本，又可提高氮素利用率并降低农业面源污染风险。

8.5　抑制剂NBPT对紫色土稻油轮作体系氨挥发和产量的影响

8.5.1　不同脲酶抑制剂处理的田间氨挥发监测

图 8-13 所示的是不同用量脲酶抑制剂 NBPT 处理对水稻和油菜氨挥发速率的影响。水稻季尿素施入土壤之后,添加脲酶抑制剂 NBPT 和未添加脲酶抑制剂 NBPT 的处理都很快产生氨挥发。与 T1 和 T2 处理相比, T3 和 T4 处理最大氨挥发速率的时间出现在施肥后第 5 天, 出现时间比较晚。此外, 与 T1 处理相比, T2、T3 和 T4 处理最大氨挥发速率之后, 氨挥发呈现缓慢下降的趋势。在水稻季对于所有的处理而言, 最大氨挥发速率的变化范围为 0.44 kg/(d·hm²)到 7.55 kg/(d·hm²), 依次为 T0<T4<T3<T2<T1。T2、T3 和 T4 处理相比于 T1 处理, 最大氨挥发速率分别降低 50.92%、63.23%和 66.14%。在油菜季对于所有处理而言, 氨挥发速率的变化趋势是不相同的。对于 T1 处理而言, 氨挥发速率呈现波动性的变化, 施肥后第 2 天出现最大氨挥发速率, 之后呈现下降到上升的波动变化。而对于 T2、T3 和 T4 处理而言, 基本上都是在施肥后第 9 天出现最大氨挥发速率, 之后便呈现下降的趋势。在油菜季对于所有的处理而言, 最大氨挥发速率的变化范围为 0.27～1.11 kg/(d·hm²), 远小于水稻季。对于各个处理而言, 最大氨挥发速率的变化顺序分别为 T0<T4<T3<T2<T1。T2、T3 和 T4 处理相比于 T1 处理而言, 最大氨挥发速率分别降低 66.67%、68.47%和 73.87%（张奇等, 2023）。

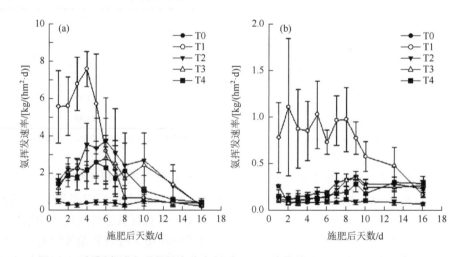

图 8-13　氨挥发速率季节性变化水稻季（a）, 油菜季（b）（2017～2018 年）

其中 T0: 不施肥; T1: 尿素; T2: 添加纯氮施用量 0.1%脲酶抑制剂 NBPT 的尿素; T3: 添加纯氮施用量 0.2%脲酶抑制剂 NBPT 的尿素; T4: 添加纯氮施用量 0.5%脲酶抑制剂 NBPT 的尿素

表 8-15 所示的是水稻季和油菜季不同用量脲酶抑制剂 NBPT 处理氨挥发损失情况。从表中可以看出，T1、T2、T3、T4 处理在水稻季的累积氨挥发量分别为 39.81 kg/hm²、27.41 kg/hm²、22.31 kg/hm² 和 19.18 kg/hm²，而且使用脲酶抑制剂 NBPT 的 T3、T4 处理相比于 T1 处理而言呈现显著性地降低。T2、T3 和 T4 处理累积氨挥发量比 T1 处理分别降低 31.15%、43.96% 和 51.82%。油菜季累积氨挥发量对于 T1、T2、T3 和 T4 处理，分别为 9.40 kg/hm²、2.82 kg/hm²、2.44 kg/hm² 和 2.36 kg/hm²，T2、T3 和 T4 处理累积氨挥发量显著低于 T1 处理。相比于 T1 处理而言，T2、T3 和 T4 处理累积氨挥发量分别降低 70%、74.04% 和 74.89%。对于所有处理，全年累积氨挥发为 6.79 kg/hm²、49.21 kg/hm²、30.23 kg/hm²、24.75 kg/hm² 和 21.54 kg/hm²，T2、T3 和 T4 处理相比于 T1 处理降低了 38.57%、49.71% 和 56.23%。水稻季 T1 处理氨挥发损失率为 26.54%，其中有近 85.21% 是来源于施用的化肥；而 T2、T3 和 T4 氨挥发损失率分别为 18.28%、14.88% 和 12.78%，来源于化肥贡献的分别为 77.59%、74.80% 和 68.17%。油菜季 T1 处理氨挥发损失率为 5.22%，其中来源于化肥贡献的为 85.21%；而 T2、T3 和 T4 处理氨挥发损失率分别为 1.57%、1.36% 和 1.31%，来源于化肥贡献的分别为 92.03%、42.14% 和 51.92%。总之，随着脲酶抑制剂 NBPT 用量的增大，累积氨挥发量无论是在水稻季还是油菜季都是呈现减小的趋势，但是使用脲酶抑制剂 NBPT 的各个处理之间并没有呈现显著性的变化。

表 8-15　稻油轮作不同脲酶抑制剂 NBPT 处理氨挥发量和氨挥发损失情况（2017～2018 年）

处理	累积氨挥发量/(kg/hm²)			氨挥发损失率/%			化肥贡献率/%		
	水稻季	油菜季	全年	水稻季	油菜季	全年	水稻季	油菜季	全年
T0	5.45a	1.34a	6.79	3.63	0.74	2.05	—	—	—
T1	39.81c	9.40b	49.21	26.54	5.22	14.91	85.21	85.21	85.31
T2	27.41bc	2.82a	30.23	18.28	1.57	9.16	77.59	92.03	51.92
T3	22.31b	2.44a	24.75	14.88	1.36	7.5	74.8	42.14	44.49
T4	19.18ab	2.36a	21.54	12.78	1.31	6.53	68.17	51.92	42.27

8.5.2　稻油轮作模式体系下田间氮沉降

图 8-14 表示的是稻油轮作模式体系下的降雨情况及其降雨中铵态氮和硝态氮的浓度情况。从图中可以得知，对于紫色土丘陵区而言，降雨主要集中在夏季的 6、7、8 月这 3 个月间，其他月份的降雨比较少，特别是在冬季 11、12 月及次年 1、2 月间，几乎没有降雨。在整个稻油轮作模式体系下从 2017 年 5 月 20 日～

2018 年 5 月 20 日，铵态氮和硝态氮的平均浓度分别为 0.97（0.36～3.16）mg/L 和 0.56（0.16～1.16）mg/L。图 8-15 表示的是稻油轮作模式体系下铵态氮和硝态氮的沉降量及其比值。整个稻油轮作模式体系下铵态氮和硝态氮的平均沉降量分别为 0.65（0.11～1.28）kg/hm^2 和 0.37（0.09～1.02）kg/hm^2，主要在 2017 年的 6、7 和 8 月沉降量是最多的。稻油轮作模式体系下铵态氮和硝态氮全年的沉降量为 5.91 kg/hm^2 和 3.33 kg/hm^2，铵态氮沉降量占全年无机氮沉降量的 63.96%。从图 8-15 中可以看出铵态氮和硝态氮每个月的沉降量都是不相同的，铵态氮和硝态氮沉降量的比值平均值为 1.86，而且在 2017 年 6 月份（水稻季施肥时期）甚至大于 2。

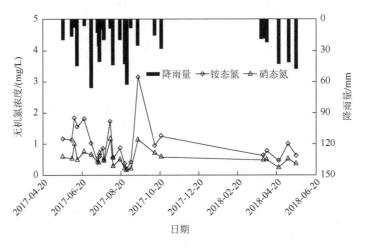

图 8-14　稻油轮作模式体系下降雨量及其降雨量中的铵态氮和硝态氮浓度（2017～2018 年）

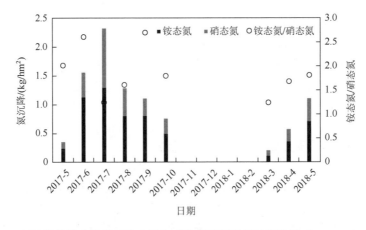

图 8-15　稻油轮作模式体系下铵态氮和硝态氮的沉降量及其比值（2017～2018 年）

8.5.3　作物产量及氮肥利用率

图 8-16 表示的是 2017～2018 年稻油轮作模式体系下水稻、油菜的产量及其氮肥利用效率。从图中可以得知水稻季产量的变化范围是 5.98～9.10 t/hm²，而油菜季产量的变化范围是 1.15～3.21 t/hm²。与不施肥处理相比，施肥处理能够显著增加水稻和油菜的产量，但是使用脲酶抑制剂虽然能够增加水稻和油菜的产量，但是并不显著。图 8-16（b）表示的是水稻和油菜的氮肥农学利用效率。从图中可以看出，水稻季氮肥农学利用效率的变化范围为 15.47～20.49 kg/kg，油菜季氮肥农学利用效率的变化范围为 9.67～11.43 kg/kg。对于水稻季而言，T3 和 T4 处理与 T1 处理相比能够显著提高氮肥利用效率。对于油菜季而言，使用脲酶抑制剂并没有提高氮肥利用效率。

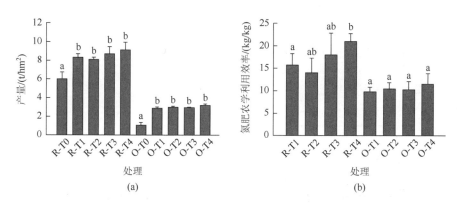

图 8-16　2017～2018 年稻油轮作水稻（R）和油菜（O）产量（a）和氮肥农学利用效率（b）

8.6　水稻秸秆和脲酶抑制剂联合使用对油菜地氨挥发、产量和氮素利用的影响

8.6.1　油菜地氨挥发速率

从图 8-17 可以看出，2018～2019 年，基肥期施用尿素后，油菜地氨挥发速率逐渐增大，CK、UR、UR＋2S、UR＋5S、UR＋2S＋UI 和 UR＋5S＋UI 在 11 月 12 日（施肥后第 4 天）出现最大值，而 UR＋8S 和 UR＋8S＋UI 在 11 月 15 日（施肥后第 7 天）出现最大值；在薹肥期，CK、UR、UR＋8S、UR＋2S＋UI、UR＋5S＋UI 在 3 月 11 日（施肥后第 3 天）出现最大氨挥发速率，而 UR＋2S 在 3 月 10 日（施肥后第 2 天）出现最大值，UR＋5S 在 3 月 9 日（施肥后第 1 天）出现最大值，

UR＋8S＋UI 在 3 月 13 日（施肥后第 5 天）和 3 月 18 日（施肥后第 10 天）都较高。在 2019～2020 年，基肥期尿素施用之后，除了处理 UR＋8S 和 UR＋2S＋UI 在 11 月 17 日（施肥后第 4 天）出现最大氨挥发速率，其余处理都是在 11 月 18 日（施肥后第 5 天）出现最大值；在薹肥期，CK 和 UR＋2S 在 3 月 10 日（施肥后第 4 天）出现最大值，UR 和 UR＋8S 在 3 月 9 日（施肥后第 3 天）出现最大值，UR＋5S 在 3 月 8 日（施肥后第 2 天）出现最大值，UR＋2S＋UI、UR＋5S＋UI 和 UR＋8S＋UI 分别在 3 月 12 日和 3 月 13 日（施肥后第 6 和 7 天）出现最大值。在 2018～2019 年，基肥期 UR＋8S 的氨挥发速率最大，为 0.67 kg/(d·hm²)，而 UR＋2S＋UI、UR＋5S＋UI 和 UR＋8S＋UI 的氨挥发速率都较小；薹肥期 UR＋5S 的氨挥发速率最大，为 0.68 kg/(d·hm²)，UR＋5S＋UI 氨挥发速率最小，仅有 0.17 kg/(d·hm²)。2019～2020 年，基肥期 UR＋5S 的氨挥发速率最大，为 0.98 kg/(d·hm²)，UR＋2S＋UI、UR＋5S＋UI 和 UR＋8S＋UI 的氨挥发速率都比较小；薹肥期 UR＋8S 的氨挥发速率最大，为 0.52 kg/(d·hm²)，UR＋2S＋UI、UR＋5S＋UI 和 UR＋8S＋UI 氨挥发速率都较小（王宏等，2023a，b）。总之，对于油菜地氨挥发而言，水稻秸秆覆盖之后，会影响油菜地氨挥发速率，而且当秸秆用量较大时，会增大氨挥发速率。使用 1% NBPT 之后，能够降低氨挥发速率，且延迟最大氨挥发速率的出现时间。

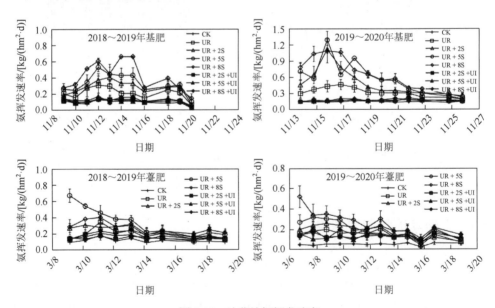

图 8-17　油菜地氨挥发速率

CK：不施肥处理；UR：常规施肥；UR＋2S：常规施肥＋2000 kg/hm² 水稻秸秆；UR＋5S：常规施肥＋5000 kg/hm² 水稻秸秆；UR＋8S：常规施肥＋8000 kg/hm² 水稻秸秆；UR＋2S＋UI：常规施肥＋2000 kg/hm² 水稻秸秆＋1% NBPT；UR＋5S＋UI：常规施肥＋5000 kg/hm² 水稻秸秆＋1%NBPT；UR＋8S＋UI：常规施肥＋8000 kg/hm² 水稻秸秆＋1% NBPT

8.6.2　油菜地累积氨挥发量

从表 8-16 可以看出，2018～2019 年和 2019～2020 年无论是基肥期还是薹肥期，施用尿素后，与不施肥空白对照相比较，氨挥发量显著增加。此外，油菜地无论是基肥期还是薹肥期，随着水稻秸秆还田数量的增加，累积氨挥发量也增加，特别是在 2019～2020 年，处理 UR + 8S 全年累积氨挥发量达到 9.40 kg/(d·hm²)。使用 1% NBPT 之后，油菜地累积氨挥发量急剧下降。其中，2018～2019 年和 2019～2020 年处理 UR + 2S + UI 累积氨挥发量比处理 UR + 2S 分别降低 47.50% 和 61.43%；2018～2019 年和 2019～2020 年处理 UR + 5S + UI 累积氨挥发量比处理 UR + 5S 分别降低 61.78% 和 65.57%；2018～2019 年和 2019～2020 年处理 UR + 8S + UI 累积氨挥发量比 UR + 8S 分别降低 55.73% 和 68.40%，而且两年平均累积氨挥发量 UR + 2S + UI 比 UR + 2S 降低 55.07%，UR + 5S + UI 比 UR + 5S 降低 63.88%，UR + 8S + UI 比 UR + 8S 降低 62.71%。使用 1%NBPT 对降低油菜地累积氨挥发量的效果非常好。通过分析氨挥发因子可以发现，2018～2019 年和 2019～2020 年，油菜地在薹肥期使用水稻秸秆还田联合 1% NBPT 之后，比基肥期对氨挥发降低效果差，可能是薹肥期气温高于基肥期（图 8-18）。2018～2019 年和 2019～2020 年处理 UR + 2S + UI、UR + 5S + UI 和 UR + 8S + UI 基肥期两年平均氨挥发因子分别是 0.26、0.27 和 0.24，而薹肥期氨挥发因子分别为 0.80、1.11 和 1.59。可能是在薹肥期气温升高，降低了 NBPT 活性，从而导致油菜地氨挥发量增加。同时可以发现随着水稻秸秆还田量的增加，氨挥发因子呈增加趋势。

表 8-16　2018～2019 年和 2019～2020 年油菜地累积氨挥发量和氨挥发影响因子

年份	处理	累积氨挥发量/[kg/(d·hm²)]			氨挥发影响因子/%		
		基肥	薹肥	合计	基肥	薹肥	合计
2018～2019	CK	1.12±0.08c	1.12±0.07e	2.24±0.11c			
	UR	3.17±0.71b	1.95±0.28cd	5.12±0.87b	1.90±0.67b	1.16±0.30cd	1.60±0.71b
	UR + 2S	2.85±0.17b	2.48±0.57bc	5.33±0.67b	1.60±0.19b	1.89±0.75bc	1.72±0.30b
	UR + 5S	3.75±0.16a	3.55±0.24a	7.30±0.48a	2.43±0.49a	3.38±0.34a	2.81±0.63a
	UR + 8S	4.72±0.02a	2.87±0.90ab	7.59±0.31a	3.33±0.65a	2.44±0.25ab	2.97±0.23a
	UR + 2S + UI	1.21±0.10c	1.59±0.27de	2.80±0.18c	0.08±0.02c	0.65±0.07d	0.31±0.04c
	UR + 5S + UI	1.35±0.10c	1.44±0.21de	2.79±0.29c	0.21±0.11c	0.45±0.05d	0.31±0.06c
	UR + 8S + UI	1.30±0.14c	2.06±0.45cd	3.36±0.59c	0.16±0.19c	1.31±0.55bcd	0.62±0.05c

续表

年份	处理	累积氨挥发量/[kg/(d·hm²)]			氨挥发影响因子/%		
		基肥	薹肥	合计	基肥	薹肥	合计
2019~2020	CK	0.66±0.01c	0.62±0.06c	1.28±0.18e			
	UR	2.66±0.12b	1.56±0.16abc	4.22±0.15c	1.85±0.20b	1.30±0.26d	1.63±0.12b
	UR+2S	4.59±0.47a	1.71±0.47ab	6.30±0.90b	3.64±0.52a	1.50±0.62cd	2.78±0.15a
	UR+5S	6.05±0.08a	2.43±0.29a	8.48±1.51a	4.99±0.17a	2.51±0.43b	4.00±0.91a
	UR+8S	6.55±0.60a	2.85±0.37a	9.40±0.93a	5.46±0.56a	3.09±0.64a	4.51±0.50a
	UR+2S+UI	1.13±0.09c	1.30±0.11bc	2.43±0.63de	0.44±0.08c	0.94±0.09d	0.64±0.02b
	UR+5S+UI	1.01±0.04c	1.91±0.38bc	2.92±0.56de	0.33±0.05c	1.78±0.01d	0.91±0.07b
	UR+8S+UI	1.00±0.07c	1.97±0.07abc	2.97±0.34cd	0.31±0.04c	1.87±0.02c	0.94±0.19b
两年平均	CK	0.89±0.08d	0.87±0.04d	1.76±0.09e			
	UR	2.92±0.45c	1.76±0.30cd	4.67±0.36c	1.88±0.37c	1.23±0.42c	1.62±0.19c
	UR+2S	3.72±0.86b	2.09±0.87bc	5.81±0.29b	2.62±0.86b	1.70±0.24abc	2.25±0.76b
	UR+5S	4.90±0.19a	2.99±0.92a	7.89±0.80a	3.71±0.17a	2.95±0.31a	3.41±0.49a
	UR+8S	5.64±0.14a	2.86±0.50ab	8.50±0.50a	4.40±0.12a	2.76±0.69ab	3.74±0.31a
	UR+2S+UI	1.17±0.06d	1.44±0.40cd	2.61±0.40de	0.26±0.03c	0.80±0.03c	0.47±0.07d
	UR+5S+UI	1.18±0.06d	1.67±0.32cd	2.85±0.32de	0.27±0.03c	1.11±0.36c	0.61±0.01d
	UR+8S+UI	1.15±0.07d	2.02±0.28c	3.17±0.28d	0.24±0.10c	1.59±0.40bc	0.78±0.08d

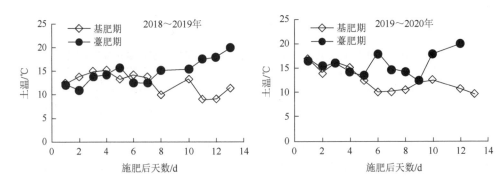

图 8-18　2018~2019 年和 2019~2020 年油菜地氨挥发时的土温

8.6.3 油菜产量、吸氮量及氮肥利用率

从表 8-17 中可以看出，2018~2019 年油菜地使用水稻秸秆用量从 2000 kg/hm²

增加到 5000 kg/hm² 时，并没有显著增加油菜籽粒产量。直到水稻秸秆用量为 8000 kg/hm² 时，油菜产量才显著增加。而 2019～2020 年当水稻秸秆还田量为 8000 kg/hm² 时，虽然油菜产量增加，但并没有达到显著水平。当水稻秸秆还田联合 1%NBPT 同时使用时，比单纯施尿素增加产量更加显著。2018～2019 年相比于处理 UR，处理 UR＋5S＋UI 增加油菜籽粒产量 6.00%，处理 UR＋8S＋UI 增加油菜籽粒产量 11.99%；2019～2020 年相比于处理 UR，处理 UR＋2S＋UI 也显著增加油菜籽粒产量 10.62%，处理 UR＋5S＋UI 增加油菜籽粒产量 13.01%，处理 UR＋8S＋UI 增加油菜籽粒产量 16.16%，说明连续使用秸秆还田联合 1%NBPT 可以提高油菜籽粒产量，而且秸秆还田量越高对籽粒产量增加效果越显著。2018～2019 年，油菜籽粒吸氮量随秸秆还田量的增加而增加，特别是 UR＋5S＋UI 和 UR＋8S＋UI 两个处理，吸氮量增加非常显著；2019～2020 年，随着水稻秸秆还田量的增加，籽粒吸氮量也增加。2018～2019 年和 2019～2020 年，在使用 1%脲酶抑制剂之后，随着秸秆量的增加油菜籽粒氮肥利用率也增加，最大氮肥利用率能够分别达到 41.92%和 40.91%，比单纯施用尿素分别提高 9.17%和 8.21%。此外，通过分析单位产量氨挥发量（图 8-19）可知，水稻秸秆还田量为 8000 kg/hm² 联合添加 1% NBPT，不仅能够降低氨挥发，而且对油菜籽粒产量的提高也非常有效。

表 8-17　2018～2019 年和 2019～2020 年油菜籽粒和秸秆产量

年份	处理	籽粒产量/(t/hm²)	吸氮量/(kg/hm²)	氮肥利用率/%
2018～2019	CK	1.49±0.01f	68.00±2.46e	
	UR	2.67±0.02d	126.96±0.01ad	32.75±1.44cd
	UR＋2S	2.62±0.02e	125.10±0.48d	30.09±0.67e
	UR＋5S	2.70±0.00d	128.67±2.09c	33.70±0.21bc
	UR＋8S	2.87±0.02b	131.25±3.30b	29.52±2.86e
	UR＋2S＋UI	2.67±0.06d	125.63±2.17d	32.01±0.16d
	UR＋5S＋UI	2.83±0.06c	132.90±1.41b	34.42±0.16b
	UR＋8S＋UI	2.99±0.02a	143.46±1.52a	41.92±0.52a
2019～2020	CK	1.24±0.06c	45.50±3.69b	
	UR	2.92±0.03b	111.10±3.14a	32.70±1.98a
	UR＋2S	2.91±0.20b	112.90±1.53a	33.70±1.98a
	UR＋5S	3.10±0.23ab	118.61±3.52a	36.87±1.73a
	UR＋8S	3.17±0.06ab	118.01±2.56a	37.98±2.74a
	UR＋2S＋UI	3.23±0.02a	119.43±0.98a	38.52±0.97a
	UR＋5S＋UI	3.30±0.30a	120.61±0.84a	39.43±3.00a
	UR＋8S＋UI	3.39±0.11a	123.54±0.39a	40.91±1.75a

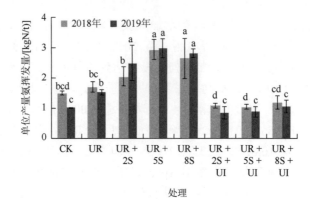

图 8-19　油菜地单位产量氨挥发量（2018～2019 年）

第9章 社会、生态效益及应用前景

9.1 社会效益

紫色土坡耕地区是四川省的粮食主产区，同时也是人口密集区，本成果研制的技术不仅可以提高粮食产量，还能防治水土、养分流失，提升耕地土壤质量，有利于农业的可持续发展，同时控制农业生产过程中产生的面源污染，主要表现在以下几个方面。

1. 提高劳动效率，减少劳力投入

本专著的横坡分带间耕技术、平作秸秆覆盖技术不仅能够减少农业生产中耕地劳力投入的 50%~60%，大幅提高农业生产的劳动效率，可有效缓解目前农村劳力紧张的矛盾，还能够从农业生产中解放大批劳力从事其他工作，推动农村经济发展。

2. 优化种植业结构，提高种植业效率，改良食品构成

本专著的粮草套种技术、饲草缓冲带技术将饲草纳入种植制度，发展饲草种植，能够充分利用四川高积温、寡日照的气候特点，提高种植业效率。利用种植的草产品发展草食牲畜养殖，提高广大人民群众的低脂肉食比例，改良食品结构，提高人民群众的生活水平。

3. 减少肥料投入，增加农民收入

本专著的横坡分带间耕技术、平作秸秆覆盖技术和饲草缓冲带技术都能有效控制农业生产中的氮、磷、钾和水分流失，从而提高肥料利用效率（或可减少肥料用量），降低农业生产成本，并提高作物产量，实现农户增收。

4. 循环利用有机废弃物

本专著的平作秸秆覆盖技术将秸秆等有机废弃物作为控制水土流失的覆盖物，循环利用有机废弃物，将秸秆等有机废弃物转化为有机质，提高土壤肥力。

5. 转变农户耕种观念，推广科学种田知识

本专著的推广与应用，可促进广大农民耕地方法和种植制度观念的改变，由传统的全田翻耕到分带间耕转变，由只种粮食向粮饲兼顾转变，提高耕种的科学性。

9.2　环境生态效益

1. 减少农业生产过程中的土壤侵蚀，保护塘堰等水利设施

本专著的所有技术都能减少农业生产过程中的土壤侵蚀达 60%～90%，减少侵蚀泥沙对塘堰等水利设施的淤塞，极大地保护三峡工程等国家重大水利设施，延长水利设施的使用年限。

2. 减少农业生产过程中的氮、磷流失，控制面源污染

本专著的技术能减少农业生产过程中的氮流失达 20%～60%、减少磷流失达 30%～70%，可较好地控制农业面源污染。

3. 减少耕地土、肥、水损失，提高耕地质量

本专著的技术能显著控制坡耕地水、土、肥流失，控制土壤退化，结合平衡施肥、秸秆还田和种植制度的调整，使耕地质量得到保护和提高。

9.3　应　用　前　景

本专著中提及的基础理论已得到相关领域研究人员的引用和应用，形成的技术（横坡分带间耕技术、平作秸秆覆盖、粮草套种技术、饲草缓冲带技术等）已在省内外应用推广，实践证明，该成果适用于我国西南广大坡耕地区，在农业、林业和牧业等涉及坡地种植业方面都具有指导意义，具有广泛的应用前景。成果的推广应用对减轻水土流失、促进农业的可持续发展、保障国家生态安全、提高农民收入都具有巨大作用。

参 考 文 献

陈晓燕. 2009. 不同尺度下紫色土水土流失效应分析[D]. 重庆: 西南大学.

党真, 杨明义, 张加琼. 2022. 基于文献计量学分析泥沙来源研究进展与热点[J]. 水土保持研究, 29(5): 398-403.

邓欧平, 张春龙, 唐锐, 等. 2018. 气象因素对成都平原夏季大气氮、磷连续性沉降的影响[J]. 四川农业大学学报, 36(2): 223-232.

冯小琼, 王幸锐, 何敏, 等. 2015. 四川省 2012 年人为源氨排放清单及分布特征[J]. 环境科学学报, 35(2): 394-401.

何淑勤, 宫渊波, 郑子成, 等. 2022. 降雨强度和坡度对中国紫色土区玉米苗期氮素流失的影响[J]. 农业工程技术, 8(36): 104-105.

黄晶晶, 朱波, 林超文, 等. 2014. 施氮量和田面水含氮量对紫色土丘陵区稻田氨挥发的影响[J]. 土壤, 46(4): 623-629.

李朋飞, 黄珂瑶, 胡晋飞, 等. 2022. 黄土丘陵沟壑区细沟发育形态的变化及其与侵蚀产沙的关系[J]. 农业工程学报, 38(18): 92-102.

李喜喜, 王昌全, 杨娟, 等. 2015a. 猪粪施用对水稻田面水养分动态变化特征及流失风险的影响[J]. 水土保持学报, 29(5): 130-136.

李喜喜, 杨娟, 王昌全, 等. 2015b. 猪粪施用对成都平原稻季氨挥发特征的影响[J]. 农业环境科学学报, 34(11): 2236-2244.

林超文, 涂仕华, 黄晶晶, 等. 2007. 植物篱对紫色土区坡耕地水土流失及土壤肥力的影响[J]. 生态学报, 27(6): 2191-2198.

林超文, 庞良玉, 陈一兵, 等. 2008a. 不同耕作方式和雨强对紫色土坡耕地降雨有效性的影响[J]. 生态环境学报, 17(3): 1257-1261.

林超文, 庞良玉, 陈一兵, 等. 2008b. 牧草植物篱对紫色土坡耕地水土流失及土壤肥力空间分布的影响[J]. 生态环境, 17(4): 1630-1635.

林超文, 庞良玉, 罗春燕, 等. 2009. 平衡施肥及雨强对紫色土养分流失的影响[J]. 生态学报, 29(10): 5552-5560.

林超文, 罗春燕, 庞良玉, 等. 2010. 不同覆盖和耕作方式对紫色土坡耕地降雨土壤蓄积量的影响[J]. 水土保持学报, 24(3): 213-216.

林超文, 付登伟, 庞良玉, 等. 2011a. 不同粮草种植模式对四川紫色丘陵区水土流失的影响[J]. 水土保持学报, 25(1): 43-46.

林超文, 罗春燕, 庞良玉, 等. 2011b. 不同雨强和施肥方式对紫色土养分损失的影响[J]. 中国农业科学, 44(9): 1847-1854.

林超文, 罗付香, 朱波, 等. 2015. 四川盆地稻田氨挥发通量及影响因素[J]. 西南农业学报, 28(1): 226-231.

刘海涛, 姚莉, 朱永群, 等. 2018. 深松和秸秆覆盖条件下紫色土坡耕地水分养分流失特征[J]. 水土保持学报, 32(6): 52-57, 165.

刘红江, 郑建初, 陈留根, 等. 2012. 秸秆还田对农田周年地表径流氮、磷、钾流失的影响[J]. 生态环境学报, 21(6): 1031-1036.

卢丽丽, 吴根义. 2019. 农田氨排放影响因素研究进展[J]. 中国农业大学学报, 24(1): 149-162.

罗付香, 林超文, 刘海涛, 等. 2018. 不同施氮量对紫色土大白菜季产量和氨挥发的影响[J]. 植物营养与肥料学报, 24(3): 685-692.

马星. 2018. 植物篱坡耕地水土流失及土壤养分分布变化特征[D]. 雅安: 四川农业大学.

四川省生态环境厅. 2020. 四川省第二次全国污染源普查公报[R/OL]. http://sthjt.sc.gov.cn/sthjt/hjtjgl/2021/3/5/c65d6959753a4e808e50ef189436e6eb/files/de03d947953c460b8774820fb3d52d87.pdf

田若蘅, 黄成毅, 邓良基, 等. 2018. 四川省化肥面源污染环境风险评估及趋势模拟[J]. 中国生态农业学报, 26(11): 1739-1751.

王宏, 徐娅玲, 张奇, 等. 2020. 沱江流域典型农业小流域氮和磷排放特征[J]. 环境科学, 41(10): 4547-4554.

王宏, 姚莉, 张奇, 等. 2023a. 施肥和秸秆覆盖对成都平原区农田氮和磷流失的影响[J]. 环境科学, 44(2): 868-877.

王宏, 姚莉, 张奇, 等. 2023b. 水稻秸秆和脲酶抑制剂联合使用对油菜地氨挥发、产量和氮素利用的影响[J]. 西南农业学报, 36(4): 769-776.

王新霞, 左婷, 王肖君, 等. 2020. 稻-麦轮作条件下2种施肥模式作物产量和农田氮磷径流流失比较[J]. 水土保持学报, 34(3): 20-27.

王云, 徐昌旭, 汪怀建, 等. 2011. 施肥与耕作对红壤坡地养分流失的影响[J]. 农业环境科学学报, 30(3): 500-507.

向宇国. 2020. 基于土壤水分变化的紫色土坡耕地植烟土壤产流产沙特征[D]. 北京: 中国科学院大学.

肖成芳, 魏兴萍, 李慧, 等. 2022. 西南典型岩溶槽谷小流域地表和地下河悬浮泥沙来源[J]. 农业工程学报, 38(12): 154-162.

肖其亮, 朱坚, 彭华, 等. 2021. 稻田氨挥发损失及减排技术研究进展[J]. 农业环境科学学报, 40(1): 16-25.

徐东坡, 周祖昊, 蔡静雅, 等. 2023. 流域产输沙模型中考虑泥沙来源的动态粒径计算方法[J]. 人民黄河, 45(1): 36-40.

徐金英, 柴宗晴, 陈晓燕, 等. 2009. 基于[137]Cs法对小流域侵蚀特征的研究[J]. 西南大学学报(自然科学版), 31(5): 155-161.

薛利红, 杨林章, 施卫明, 等. 2013. 农村面源污染治理的"4R"理论与工程实践——源头减量技术[J]. 农业环境科学学报, 32(5): 881-888.

严磊, 吴田乡, 赵素雅, 等. 2022. 雨强及播栽方式对太湖地区麦田径流氮磷流失的影响[J]. 土壤, 54(2): 358-364.

杨涛, 王玉清, 吴火亮, 等. 2023. 鄱阳湖平原双季稻区稻田氮磷流失的季节分布特征及污染风险分析[J]. 农业环境科学学报, 42(4): 852-860.

姚莉, 王宏, 张奇, 等. 2022. 持续秸秆还田减施化肥对水稻产量和氮磷流失的影响[J]. 水土保持通报, 42(4): 18-24.

姚莉, 王宏, 唐彪等. 2023. 不同秸秆还田与肥料配施模式对稻田地表径流磷素流失的影响[J]. 四川农业大学学报, 41(5): 849-854.

尹忠东, 苟江涛, 李永慈. 2009. 川中丘陵紫色土区农业型小流域土地利用结构与土壤流失关系[J]. 农业现代化研究, 30(3): 360-363, 368.

余万洋, 赵龙山, 张劲松, 等. 2023. 黄河小浪底库区土壤侵蚀驱动因子定量归因分析[J]. 水土保持学报, 37(3): 155-163, 171.

张翀, 韩晓阳, 李雪倩, 等. 2015. 川中丘陵区紫色土冬小麦/夏玉米轮作氨挥发研究[J]. 中国生态农业学报, 23(11): 1359-1366.

张翀, 李雪倩, 苏芳, 等. 2016. 施氮方式及测定方法对紫色土夏玉米氨挥发的影响[J]. 农业环境科学学报, 35(6): 1194-1201.

张帆. 2021. 紫云英与水稻秸秆联合还田下双季稻田土壤氮磷平衡状况及化肥减施策略[J]. 植物营养与肥料学报, 27(8): 1376-1387.

张奇, 杨文元, 林超文, 等. 1997. 川中丘陵小流域水土流失特征与调控研究[J]. 土壤侵蚀与水土保持学报, 11(3): 39-46, 57.

张奇, 徐娅玲, 姚莉, 等. 2021. 有机无机肥配施对川中紫色土丘陵区稻田氨挥发的影响[J]. 四川农业大学学报, 39(4): 518-523, 548.

张奇, 王宏, 罗付香, 等. 2023. 抑制剂 NBPT 对紫色土稻油轮作体系氨挥发和产量的影响[J]. 四川农业大学学报, 41(1): 14-20.

张维理, 徐爱国, 冀宏杰, 等. 2004. 中国农业面源污染形势估计及控制对策Ⅲ. 中国农业面源污染控制中存在问题分析[J]. 中国农业科学, 37(7): 1026-1033.

张信宝, 贺秀斌, 文安邦, 等. 2004. 川中丘陵区小流域泥沙来源的 [137]Cs 和 [210]Pb 双同位素法研究[J]. 科学通报, 49(15): 1537-1541.

张亚男. 2022. 四川省农业面源污染的时空特征与影响因素分析[D]. 成都: 西南财经大学.

张翼夫, 李洪文, 何进, 等. 2015. 玉米秸秆覆盖对坡面产流产沙过程的影响[J]. 农业工程学报, 31(7): 118-124.

赵露杨, 王克勤, 宋清洪, 等. 2023. 天然降雨条件下等高反坡台阶整地对坡耕地氮磷输移的影响[J]. 水土保持通报, 43(1): 1-7, 31.

郑家珂, 甘容, 左其亭, 等. 2023. 基于 PNPI 与 SWAT 模型的非点源污染风险空间分布[J]. 郑州大学学报(工学版), 2023, 44(3): 20-27.

朱坚, 纪雄辉, 田发祥, 等. 2016. 秸秆还田对双季稻产量及氮磷径流损失的影响[J]. 环境科学研究, 29(11): 1626-1634.

朱利群, 夏小江, 胡清宇, 等. 2012. 不同耕作方式与秸秆还田对稻田氮磷养分径流流失的影响[J]. 水土保持学报, 26(6): 6-10.

Cui N X, Cai M, Zhang X, et al. 2020. Runoff loss of nitrogen and phosphorus from a rice paddy field in the east of China: effects of long-term chemical N fertilizer and organic manure applications[J]. Global Ecology and Conservation, 22: e01011.

Liu H T, Yao L, Lin C W, et al. 2018. 18-year grass hedge effect on soil water loss and soil productivity on sloping cropland[J]. Soil and Tillage Research, 177: 12-18.

Liu H T, Zhou H, Lin C W, et al. 2021. Evaluation of tillage effect on maize production using a modified least limiting water range approach[J]. Soil Science Society of America Journal, 85: 1903-1912.

Ma Z P, Yue Y J, Feng M X, et al. 2019. Mitigation of ammonia volatilization and nitrate leaching via loss control urea triggered H-bond forces[J]. Scientific Reports, 9(1): 15140.

Min J, Sun H J, Wang Y, et al. 2021. Mechanical side-deep fertilization mitigates ammonia volatilization and nitrogen runoff and increases profitability in rice production independent of fertilizer type and split ratio[J]. Journal of Cleaner Production, 316: 128370-128378.

Wang S, Feng X J, Wang Y D, et al. 2019. Characteristics of nitrogen loss in sloping farmland with purple soil in southwestern China during maize (*Zea mays* L.) growth stages[J]. CATENA, 182: 104169.

Zhan X Y, Zhang Q W, Zhang H, et al. 2020. Pathways of nitrogen loss and optimized nitrogen management for a rice cropping system in arid irrigation region, northwest China[J]. Journal of Environmental Management, 268: 110702-110712.